国家出版基金项目
NATIONAL PUBLICATION FOUNDATION

"十四五"时期国家重点出版物
出版专项规划项目

现代化进程中的哲学问题与哲学话语
系列研究丛书

郝立新　主编

现代化进程中的
逻辑与批判性
思维理论

余俊伟　杨武金 —— 著

辽宁人民出版社

©余俊伟　杨武金　2023

图书在版编目（CIP）数据

现代化进程中的逻辑与批判性思维理论 / 余俊伟，
杨武金著 . — 沈阳：辽宁人民出版社，2023.5
（现代化进程中的哲学问题与哲学话语系列研究丛书 /
郝立新主编）
ISBN 978-7-205-10694-2

Ⅰ . ①现… Ⅱ . ①余… ②杨… Ⅲ . ①逻辑思维—研
究 Ⅳ . ① B804.1

中国国家版本图书馆 CIP 数据核字（2023）第 002883 号

出版发行：辽宁人民出版社
　　　　　地址：沈阳市和平区十一纬路25号　邮编：110003
　　　　　电话：024-23284321（邮　购）　024-23284324（发行部）
　　　　　传真：024-23284191（发行部）　024-23284304（办公室）
　　　　　http://www.lnpph.com.cn
印　　刷：辽宁新华印务有限公司
幅面尺寸：170mm×240mm
印　　张：15.25
插　　页：2
字　　数：240 千字
出版时间：2023 年 5 月第 1 版
印刷时间：2023 年 5 月第 1 次印刷
责任编辑：青　云
装帧设计：留白文化
责任校对：吴艳杰
书　　号：ISBN 978-7-205-10694-2
定　　价：75.00 元

丛书主编

　　郝立新，中国人民大学明德书院院长，教育部长江学者特聘教授，哲学院教授，马克思主义学院教授。兼任教育部教学指导委员会（哲学专业）副主任委员，国务院学位委员会哲学学科评议组成员兼秘书长，中国马克思主义哲学史学会会长，中央马克思主义理论研究和建设工程首席专家。曾任人大哲学院院长、马克思主义学院院长。

　　主要研究领域：马克思主义哲学，中国特色社会主义理论体系。近年主要著作有：《当代中国马克思主义哲学研究走向》《马克思主义发展史》《新时代中国发展理念》《当代中国文化阐释》《习近平中国特色社会主义思想的哲学意蕴》（英文版）、《中国现代化进程中的价值选择》。在《中国社会科学》《哲学研究》《马克思主义研究》《人民日报》《光明日报》《新华文摘》等刊物上发表论文二百多篇。

本书作者

　　余俊伟，江西安义人，现任中国人民大学哲学院教授、院学术委员会暨学位委员会委员、博士生导师。兼任中国逻辑学

会副秘书长、中国逻辑学会形式逻辑专业委员会副主任。研究领域为哲学逻辑、逻辑与形而上学。著作有《道义逻辑研究》《否定词研究》、《数理逻辑基础：一阶逻辑与一阶理论》（合著）《数理逻辑》（合著）、《逻辑学》（合著）、《逻辑与批判性思维》（合著）、《哥德尔不完全性定理》（译著）；代表性论文有《不同层次的逻辑多元论》《理解弗雷格的专名涵义》《真：一种意义理论研究》《解析"必然地得出"》。

本书作者

　　杨武金，贵州天柱人，现任中国人民大学哲学院教授、博士生导师。兼任中国逻辑学会常务理事、中国逻辑学会逻辑教育专业委员会常务理事、教育部高等学校文化素质教育指导委员会批判性思维与创新教育分指导委员会（筹）常务理事等。

　　主要研究墨家逻辑、批判性思维和逻辑哲学。著有《墨经逻辑研究》、《逻辑和批判性思维》、《逻辑与批判性思维》（主编）、《逻辑思维训练》（主编）、《逻辑思维能力与素养》（主编）、《逻辑的力量》（译著）、《逻辑哲学新论》等。发表学术论文百余篇。

总　序

　　现代化是世界性的社会运动或历史进程。从世界范围看，现代化既具有普遍性规律和共同特征，同时又具有由各国历史、制度和经济文化等条件所决定的特殊道路或具体特征。在当代，现代化与哲学之间形成了复杂而丰富的关系。哲学发展受到现代化的深刻影响，同时又对现代化进行批判性的反思和积极性的建构。现代化进程中产生的种种问题备受哲学关注，并引发哲学研究在现实维度上的拓展与深化；哲学对现代化的深层联系和发展密码进行解读，对人们从宏观上、整体上把握现代化具有重要意义。

　　改革开放之初，邓小平提出了"面向现代化、面向世界、面向未来"的深刻洞见，对中国教育和哲学社会科学发展产生了深远影响。现代化发展一直是当代中国哲学非常关注的现实问题。当我们进入新时代、迈上现代化新征程之际，需要认真思考哲学应如何继续"面向现代化"，如何进一步关注和回应中国式现代化发展进程中的重大问题。笔者认为有必要关注以下方面。

　　第一，要深入挖掘和充分运用马克思哲学思想的资源，以历史唯物主义为指导。在分析和认识现代化的过程中，存在多种解读模式或理论范式。马克思哲学思想对于我们考察和解读现代化具有重要指导意义。从一定意义上说，马克思对资本主义社会的理论分析与对资本主义现代化的理论分析是一致的。马克思关于社会历史辩证法的思想，关于对资本主义历史进步性的肯定和对资本主义的局限性的分析，关于从民族历史向世界历史的转化、从人的地域性存在向人的世界性存在的转化的论述，关于对资本逻辑的批判和对资本主义异化特别是劳动异化的分析批判，关于社会进步和人的自由而全面发展的思想，关于跨越卡夫丁峡谷的思想等，对于我们认识现代化的历史、现状和未来，对于我们比较资本主义现代化和社会主义现代化的特征和道路，具有重要的世界观和方法论意义。当前，我们秉持马克思的实践精神和批判精神，既要对现代化道路进行建设性的思考，也要对现代化进程中出现的问题进行反思性的批判。

第二，要整体地历史地把握现代化，认清现代化的整体性和复杂性。现代化是一个历史性范畴，也是一个总体性范畴。现代化既是一个历史过程，又是包含多个层次、多向维度、多种矛盾的复杂结构。各个时期、各个国家对这一概念的理解有所不同，甚至大相径庭。从总体上看，现代化是当今世界许多国家发展的重要目标和趋势。它既是历史发生的过程，又是现实进行的运动，也是未来发展的趋势。考察现代化，应该从历史与现实、民族与世界、普遍与特殊、科学与价值、建构与批判等多种维度或比较视野来思考。如果说现代化运动肇始于18世纪的西欧，那么至今已跨越三个多世纪。从世界范围看，现代化有着一些共同的指向和公认的指标，但是各个民族或国家的现代化又存在不同的发展道路、不同的具体目标。从科学维度看，现代化是一个"类似于自然发展的历史过程"，即具有其物质基础、内在的规律性，具有与社会形态发展规律相一致的客观性；从价值维度上看，现代化是由一定社会主体（民族或国家）的利益驱动、为实现一定价值目标的社会运动，是一个进行价值认知、价值认同、价值评价、价值选择、价值创造和价值实现的过程。我们要在现代化发展的规律性、必然性和主体性、价值性的统一中把握现代化，在决定性和选择性中把握现代化。一方面，要看到从传统的农业社会向现代工业社会、信息社会乃至更高文明社会转型或发展过程中必须依赖一定的物质前提、文明条件；另一方面，又要看到与现代化发展相联系的社会制度和实现路径存在多样性和选择性。

第三，深入分析现代化进程中的各种矛盾关系，探索现代化进程中如何实现社会全面进步和人的全面发展目标的路径。无论是在中国还是其他国家，现代化进程往往都存在物的发展与人的发展、物质生活与精神生活、群体发展与个体发展、人与自然环境之间的矛盾，这些矛盾在不同的历史阶段、不同的国家、不同的社会制度下，具有不同的表现和解决途径。在当代中国，如何在促进物的全面丰富的基础上促进人的全面发展、丰富人民的精神世界、提高社会的文明程度的问题日渐凸显。当前，人的现代化和共同富裕备受关注。从社会发展目标和发展动力来说，现代化的本质是人的现代化。人的现代化不是抽象的命题，它是人的发展与总体现代化进程相一致的过程，是人的素质、能力、品格、社会关系由传统状态向现代状态的转变。如果社会现代化没有体现在人的现代化上，或者没有人的现代化作为支撑，那么这样的现代化是不健全的，也是缺乏持续前进的动力的。共同富裕是全体人民的共同富裕，是物质生活和精神生活的共同富裕，是需要经过长期奋斗而逐步实现的过程。以共同富裕为价值目标的中国式现代化，不仅要促进物质文明和精神文明的发展，而且需要大力推进国家治理体系和治理能力现代化，为共同富裕提供制度保障。我们期待，中国式现代化的推进对于普惠人民、造福人类发挥更为重要的作用。

本系列丛书旨在汇聚哲学各分支领域的研究者，对世界现代化和中国式现代化进行多维透视，深化对现代化的哲学问题的研究。受到后现代思潮中解构主义影响，现代化所产生的问题被解构为各自独立的问题，这就造成问题分析与应对的桎梏。因此，有必要通过诸学科联合、相互交叉的方式，从多维视域立体地建构对于现代化问题的全面解读和辨析，进而将碎片化和孤立的视域集合成具备有机整体性、实践性、现实性和历史性的多维视域，以此来形成系统的具有实践意义的有机理论体系。哲学作为人类智慧的凝结，应当肩负起时代的责任，在现代化背景下，对人如何处理与诸多因素之间的关系问题，从思想与实践的双重维度提出应对方案与分析，给予中国现代化进程以强有力的支撑。推陈出新，建立中国自主的话语体系，成为当前哲学工作者亟须面对的重大学术命题。本系列丛书关注并研究了以下问题。

关于现代化和主体性的问题。自工业革命以来，人类生产力的发展速度有了飞跃的提升，呈加速度的状态，推动了人类历史发展，人的生存方式发生了本质性的变化，人的主体性得到了极大的觉醒。与此同时，人与自身、人与人、人与其他事物之间的关系也产生了一定的变化。在现代化过程中，人类的存在方式、交往方式、社会系统和思想观念等，都受到现代化的深刻影响。个体与社会之间的张力愈加突显，"实现自我"与"公共视野"自觉或不自觉地成为人们亟须应对的问题之一，并由此衍生出"治理主体"的合法性问题。此外，主体性的觉醒，使得个体较以往更为关注自身，那么在地方、国家乃至全球的治理过程中，个体的权利与义务、公共性以及正义，在新的时代被赋予了新的内涵，再次成为人们关注的热点。基于上述语境，现代化问题就其本质而言，是对于人的问题，是人与自身、人与人、人与其他事物之间的关系问题。现代化问题从宏观来说，包括如何处理与自然、科技、宗教、传统文化、人自身以及主体间关系等一系列问题。近代以来，人的主体性得到极大的觉醒，自人类进入现代社会，人们如何处理"过去"和"现代"成为一个普遍性问题，如何对过往进行扬弃，适应新的时代，是现代化过程中所有领域都必须面对的。现代化的过程还伴有全球化过程，使得"全球化"的一般性与"民族"的特殊性之间的碰撞，较以往更为激烈，受到人们的普遍关注。

关于建构理解和把握现代的概念框架和现代化进程中人的生存问题。"现代"是标志人类文明发展的形态学概念。从横向空间的角度来讲，现代就是指现代社会；从纵向时间的角度来看，现代就是指现代历史。当历史进入现代，哲学家以实践思维的方式关注现实，对热点问题作出与时俱进的哲学审视，从而超越虚无与喧嚣，安顿我们的心灵。置身于现代性的境遇，我们需要解读当代哲学的公共视野，反思现代性的悖论与后现代哲学的解构之维，思考如何在时代语境中哲学地"改变世界"，阐释人们在现代社会实现自我的思想根基，对人生的可能之路作出兼具现实性与超越性的价值选择，回归生活世界的精神家园。

从西方现代化的大背景看，现代是人被确认为认知主体、权利主体和欲求主体的解放时代。资本和权力以不同的方式规定了现代主体性解放在知识生产、权利保障和欲求满足三个维度上的成就与限度。现代展开为以主体性为中心，以资本和权力为两翼，以知识、权利和欲求为支点而构成的立体结构。通过阐释现代的这些基本概念及其相互关系，为探讨人类社会历史发展的现代化历程提供了宏观的总体性视野，避免了单向度的还原主义理解带来的局限。中国式现代化超越了西方现代化的资本逻辑，开创了人类文明新形态。阐释中国式现代化生成，发展、成形和达到理论自觉以及在实践中再出发的规律，是本丛书担负的一个重要使命。

关于从现代化视角关照中国哲学的问题。现代化使得历史的发展呈现出加速度的状态，使得人类自身与当下现实出现了一定的张力，并且这种张力会随着加速度的提升而增大，人受到精神与现实的双重压迫。当我们从传统文化和思想领域切入，为了缓解这种张力，我们需要对传统进行溯源。一方面，从历史的维度对既有思想和理论进一步挖掘，以历史和现实为基础，并对其进行扬弃，为新的思想和理论的建构做好基础性铺垫；另一方面，从历史之中汲取必要的历史经验，以此为依托，与现实经验相互参照，对中国哲学(广义)进行理论上的补充和建构，反思现代文明的发展，以此再返还中国哲学自身，从政治、伦理和生态三个维度对中国哲学进行建构，让理论自身能够与时代接轨，建立中国自己的学术话语体系，以满足现代化社会的发展需要。作为中国哲学(广义)有机构成中的重要组成部分，中国化的马克思主义哲学亦是如此。中国哲学具有鲜明的特点，即历史性特点、经典性特点和批判性特点，需要在历史中重新确立其主体身份，在经典研讨中激活源头活水，在批判性反思中重构自身。若不能深切把握这三个特点，就无异于失却了自我。当代中国哲学关注的问题都是全球现代化进程中的普遍性问题，如哲学的主体性与普遍性、公民教育、启蒙、权力、生态伦理、气候变化等，这些都是持久不衰的话题，既具有理论性质又富于现实意义。通过对它们的认真探讨，可以充分体现中国哲学之于现代社会、现代世界的"鉴照"。

关于现代化进程中的科学技术问题。现代化进程中最为突出的特色是人和技术的高度交互，技术在各个层面都在深入影响人的生活。这不仅反映在技术可以作为一种工具被随意使用，也反映为技术本身在重塑主体性。前沿技术的发展总是超越了现有法律和伦理框架，亡羊补牢式的研究办法不能提前预知技术可能造成的各种伦理困境，人在物的使用中始终保持高度的道德自由。所以，我们能够把握的，只能是人的意向，技术造成的结果完全由人的意向决定。随着我国进一步深化改革，国际政治经济实力进一步提升，如何处理技术发展和伦理之间的张力成为亟须解决的问题，建构一个有说服力的、能够连接人和技术人工物的主体性观念，并给技术哲学，尤其是技术伦理学讨论提供规范性资源，成为哲学的又一历史任务。当前，中国社会正在进入深度科技化时代，科技在带来巨大机遇的同时也带来诸多风险和挑战。诸多技术风险无法通过技术评估的方法得以规避，这是因为技术评估思路预设了技术是中立的工具，人是唯一的能动者这一现代形而上学，继而无法深刻理解人与技术的关系。只有克服这一现代形而上学，才能真正解决技术风险问题。技术意向性研究指出，技术并非是中立的工具，可任由人使用。技术有意向性，技术意向性始终调节人的知觉，深刻地影响人的根本存在。人与技术在能动性的生成意义上是彼此共构的。伴随科学技术和全球经济一体化的推进，现代化同人们的生活紧密交织在一起，从思维到人们的实践活动，再到社会制度，乃至人们的信仰，都受到了影响和改变。面对时代的变迁，原有的逻辑思维方式已经不能适应快速发展的现代化，逻辑和批判性思维能力的现代化成为亟待解决的时代课题。如何提高人的逻辑和批判性思维能力，是我国现代化进程中必须认真对待的问题。

关于现代化进程中的伦理问题。现代化进程极大地改变了人们的现实环境，使得人们的交往方式发生改变。而互联网的迅猛发展，对基于以往生产方式和生活方式的伦理和道德提出了挑战，如何从思路、手段、途径和方法等方面提出可行性的应对方案，如何在延续原有道德和伦理的优良因素的基础上继往开来，成为中国现代化建设过程中需要攻克的难题。其中，中国网络社会的伦理问题值得关注。网络社会具有区别于农业社会、工业社会的现时代特征，这就是以信息技术为主导的科技进步带来的人的生存方式、交往方式和时空观念的巨大改变，这是对网络社会之历史必然性的揭示。中国政府、中国企业、中国国民在网络社会中提出了多种应对方式，同时面临不少困境。研究者从理性主义现代性问题意识入手，从责任伦理出发，依据责任的大小和关联程度，着重探讨中国网络社会中的各个不同主体的责任及其实施方式，从应用伦理层面为中国网络治理的合法性和构建基于网络社会的人类命运共同体的尝试提出了学理建议。

关于国家治理体系和治理能力现代化的问题。国家治理的本质是在国家与社会之间建立一套规范性系统，这个规范性系统不能仅仅用"典章式"的制度体系来概括，而应被理解为一个良性的、"活的"社会生态系统。要建成这样一个系统，不仅需要制定一系列设计完备、相互衔接的制度体系，更需要在运行这个制度体系的过程中形成一种良性的活动机制。前者是治理体系的基础，后者是治理能力的核心。国家治理的规范性系统需要德治即伦理系统的驱动，伦理系统虽然也是一种约束机制，但这种约束是一种自我约束，其目的是追求某种道德价值。法治不但要契合这些伦理特性，而且要稳定、优化、提升和重组这些伦理特性。从国家治理的角度讲，这就是法治的规范性功能。立足于这一功能，法治构成了国家治理之规范性系统的两大支柱之一，为社会的良性运行提供了刚性的约束机制。在国家治理体系与治理能力现代化的大背景下，为构建国家治理的伦理系统提供一个理论论证和建设思路，研究者从政治与伦理的关系讨论当代政治哲学中道德主义与现实主义的关系，并提出新时代马克思主义伦理学与德治文化共同构成当代中国国家治理现代化事业的文化之基，这是一种具有中国特色的现代文化治理方案。

此外，本丛书还从马克思主义中国化时代化以及当代中国社会实践发展的角度探讨了中国式现代化的实践逻辑。

中国已踏上现代化的新征程，中国与世界的联系更加紧密。在世界历史进程中把握中国式现代化的民族性和世界性，认清中国现代化道路的特质，是中国哲学工作者的重要使命。我们期待这套丛书能为关注现代化的读者提供一些参考、引发一些思考。

十分感谢中国人民大学"双一流"建设项目和北京市"双一流"建设

项目的资助。2019年，中国人民大学哲学院承担了"北京市与中央高校共建双一流大学"项目"现代化进程中的哲学问题与哲学话语"。本丛书是该项目的成果。最后，感谢辽宁人民出版社的大力支持，使本丛书顺利出版。

郝立新

2023年4月

前　言

逻辑学是一门古老的学科，始自亚里士多德。从学科性质来讲，它属基础理论，是一门方法论。19世纪，逻辑学取得突破，迈入现代化阶段。进入20世纪，它已经获得了两种不同意义上的现代化。一是其理论上的现代化；二是实践运用上的现代化。

第一种现代化是大家熟知的现代逻辑理论。这种现代化的思想萌芽于莱布尼茨的普遍语言与理性演算。它的一个最大特征是形式化与公理化：采用特制符号，严格精确地界定逻辑概念，选定一组特定命题为前提，将理论系统化。1879年，弗雷格发表《概念文字》，他在文中设计了一种特制符号——概念文字，构建了史上第一个现代化的逻辑理论。沿着这种现代化道路，逻辑学发展到今天，形成了包括模态逻辑、直觉语义逻辑、认知逻辑等各种非经典逻辑在内的众多分支。这种现代化发展丰富了自亚里士多德以来的逻辑理论。

第二种现代化是自20世纪60年代以来兴起于美国的批判性思维理论。批判性思维理论仍然采用自然语言叙述讨论逻辑学理论，不过更侧重理论的实践运用研究。为了与丛书其他几本叙事方式一致，本书[①]主要围绕后一种意义的现代化展开。

理解第二种现代化，首先，要把握这种现代化背后的动机。现代社会的一个特征是每个个体更加频繁深入地参与公共事务。公共生活广泛渗入个体生活中。个体之间的交流对话，个体就公共事务发表意见，个体对权利的诉求维护，这类行为越来越普遍，公共机构制定政策越来越透明，实施政策越来越规范。所有这些活动可以概括为交流沟通，论辩讲理。高效率的对话讲理，就是让己方的观点更易明白，论证更有说服力，在此基础上，让讨论双方做到最大限度地求同存异，找到问题的最优解。为此，讨论双方都要遵守一些共同的规范。这些规范所依赖的一个共同基础就是逻辑学。逻辑学从最底层解析理性思维的特点，这些特点构成了逻辑学的主要内容。尽管本书的内容主要是亚里士多德三段论与斯多葛学派命题逻辑，但是讲解它们的方式是现代化的：结合了现代逻辑更为准确全面的表述方式，同时结合现当代实践运用场景，使用大量现代生活场景的案例。前三章涵盖了这些内容，在简单介绍这种现代化、阐述批判性思维能力后，以面向于实践运用为目的，介绍逻辑学基本概念及其原理。

其次，上述现代化转变背后动机决定了，沿着这种现代化的道路，逻辑学的发展不仅是单纯的学术理论研究，更重要的是帮助人们使用逻辑学原理，解决社会生活实践中提出的相关问题。将逻辑学运用于思维实践，关注人们日常思维中常遇到的现实问题，能更有针对性地帮助人们提高批判性思维能力，更科学地规划，并适时调整战略，实施科学的动态决策，助力迈入新时代的中国稳步前行。逻辑学的这种现代化，就是逻辑学普遍

---

① 本书由余俊伟和杨武金共同完成。余俊伟撰写第一章、第二章、第三章和第四章第一、二、三节，杨武金撰写第四章第四节和第五章、第六章、第七章，全书由余俊伟统稿。

原理与当代社会实践深度结合，研究和发展这种现代化具有重要的实践意义。后四章专注于这部分内容，从充分论证、辨识各种谬误、提高书面表达能力以及批判性能力培养与测试等方面，阐述逻辑学概念与原理在实践中的运用。

这样看来，第二种意义上的现代化，本质上是逻辑学理论的一种实践运用——现代讲法，当下运用，是普及提高全民逻辑批判思维能力。从其在讲理论辩所扮演的规范角色来看，这种现代化也是当代思想启蒙运动的一个重要环节。

余俊伟

2022年12月

目　录

第二章

澄清概念

ⅴ

第三章

审慎判断

ⅴ

第四章

充分论证

∨

第五章
批判性阅读

第六章
批判性写作

第七章

逻辑与批判性思维能力培养与测试

∨

第一章

批判性思维——逻辑在现代化进程中的一个转向

第一节　从逻辑到批判性思维

一、什么是逻辑学

逻辑学是研究推理的学科，旨在探索推理规律，找到让人们可以信赖的推理类型。使用这些类型的推理，可以从真前提得到真结论。

"逻辑"一词是英文单词logic的音译。国内最早由严复（1854—1921，启蒙思想家、翻译家）在译著《穆勒名学》（*A System of Logic*）中首次使用。英文logic一词又源于希腊文 logos（逻各斯），有思想、理性、言辞、规律性等含义。[①]

"逻辑"一词大致有四种含义：（1）表示客观事物发展的规律，如"中国革命的逻辑"；（2）表示思维的规律与规则，如"说理讲话要符合逻辑"；（3）表示研究思维形式及其规律的科学，如"逻辑学""现代逻辑"；（4）表示某种特殊的立场、观点、规则或论证方法，如"我们不认可你们的逻辑"。

逻辑学属于思维科学。一般认为，思维是人脑对现实世界能动的、概括的、间接的反映过程，主要包括形象思维与抽象思维。逻辑学审视思维本身，对人类理性进行反思。逻辑学通常从思维形式这个角度研究思维，现代逻辑尤其如此。

思维形式是思维内容的存在和联系方式，有两种含义。一是指人们在

---

① 古希腊哲学家赫拉克利特最早提出有关逻各斯的学说（参见：冯契、徐孝通：《外国哲学大辞典》，上海辞书出版社2000年版，第773页）。在其后不同的哲学家学说里，逻各斯有不同的含义。

思维过程中用以反映现实的那些形式，包括概念、判断与推理。另一种是指每一种不同类型的判断和推理本身所共同具有的思维要素之间的联系方式，也叫思维的形式结构，包括逻辑常项和变项两部分。例如，以下为三个表示判断的陈述句（亦称命题）：

（1）如果他得的是肺炎，那么他会发烧。

（2）如果你计算的结果不是整数，那么你算错了。

（3）如果人人都献出一点爱，那么世界将变成美好的人间。

这三个句子分别是有关医学、数学和社会关系。虽然它们表达的具体内容分属不同学科领域，但它们有共同的形式：

如果p，那么q

其中，"如果……那么……"是逻辑常项。逻辑常项是思维形式中的不变成分，决定思维的逻辑内容和思维形式所属的类型。

"p""q"是变项。变项是思维形式中的可变成分，承载思维的具体内容。此处这种变项，叫命题变项。我们可以用不同的具体命题（陈述句）代入命题变项，得到表达不同的思维内容的具体语句。除命题变项外，还有其他类型的变项。如下列语句：

（1）所有鲜花是美丽的。

（2）所有企鹅是鸟。

（3）所有文艺作品是劳动产品。

类似地，这里三个句子虽然各有不同的具体内容，但有共同的形式：

所有S是P

其中，"所有……是……"是逻辑常项，"S""P"是变项。"S""P"这种变项，叫词项变项。我们可以用不同的具体词项（语词）代入，得到表达不同的思维内容的具体语句。

除了上述命题形式外，思维形式还包括推理形式。

推理是由一个或一组陈述句推出某陈述句的思维形式。其中的那一个或一组陈述句，称为推理的前提；所推出的那个陈述句，称为推理的结论。如下例所示：

如果吴明的计算结果与赵健的不同，那么他们二位至少有一人计算有误。

吴明的计算结果与赵健的不同。

所以，他们二位至少有一人计算有误。

又如：

如果吴明父母的血型都是O型，那么吴明的血型也是O型。

吴明父母的血型都是O型。

所以，吴明的血型也是O型。

以上两个推理的内容不同，但有共同的形式：

如果p，那么q

p

所以，q

再如：

所有金属是导体。

所有稀有金属是金属。

所以，所有稀有金属是导体。

如：

所有鸟是会飞的。

所有鸵鸟是鸟。

所以，所有鸵鸟是会飞的。

这两个推理的内容不同，但有共同的形式：

所有M是P

$$\frac{\text{所有 S 是 M}}{\text{所以,所有 S 是 P}}$$

思维形式是一种逻辑抽象,它抽去了思维的具体内容,得到了一种框架结构,而这种框架结构有其自身的规律性。人们理性思维都遵循这种逻辑规律。相应于逻辑规律有思维规则与要求,了解这些规则与要求,能帮助我们获得正确认识;违反它们,则导致思维混乱和认识错误。

二、思维形式的规律性

思维形式含有变项,从事实经验层面看,没有确定的具体内容,其无真假可言。当用具体词项或命题代入其中的变项后,思维形式就表达了具体内容,成为或真或假的句子。

例如, "有 S 不是 P" 本身无真假可言。用 "教师" 与 "党员" 分别代入 "S" 与 "P" ,得到一个事实为真的语句;而用 "国家" 与 "有阶级性的" 做类似代入,则得到一个事实为假的语句。

思维形式的规律性在于:有一类思维形式,在任意代入下,都表达真实的思想内容,例如, "如果 p ,那么 p" "p 或者非 p" "所有 S 是 S" 等。这类思维形式称为逻辑规律。

逻辑规律也称作逻辑真,其不依赖经验事实。依赖经验事实的真称为事实真。事实真的语句描述了经验世界的真实情况,例如:

李白(701—762),字太白,号青莲居士,又号 "谪仙人" ,唐代伟大的浪漫主义诗人,被后人誉为 "诗仙" 。

逻辑真描述了思维领域里的规律。逻辑学就是研究思维形式及其规律的学科。

与逻辑规律相对的,是另一类思维形式。它们在任意代入下,都表达虚假的思想内容。这类思维形式称为逻辑矛盾。例如, "如果 p ,那么非

p""*p*并且非*p*""有S不是S"等。

还有一类思维形式，在有的代入下，表达真实的思想内容；在有的代入下，表达虚假的思想内容。例如，"有S是P""*p*或者*q*"等。

逻辑学研究思维形式，找出逻辑规律并运用它们排除逻辑矛盾，使人的思维具有形式上的正确性，即合乎逻辑。

逻辑学的主题，是研究推理的有效性，回答什么样的推理是正确的，什么样的推理是错误的。其与思维形式直接相关。我们先看一个推理例子：

如果你的计算结果小于0，那么你计算有错误。

你的计算结果不小于0。

所以，你计算没有错误。

这是一个正确的推理吗？从思维形式结构的观点分析一个推理是否正确就是：首先分析提取出该推理的形式结构，然后分析这种形式的推理能否出现前提真而结论假这种情况。如果不出现，该推理就是正确的；否则，该推理就是错误的。因此，从思维形式结构的观点看，推理正确是指其推理形式正确。我们称形式正确的推理为有效的推理，其推理形式叫有效式。

上述推理形式为：

如果*p*，那么*q*

并非*p*

所以，并非*q*

以下推理也具有如上形式结构：

如果$\sqrt{30}$小于5，那么它的立方小于216，

$\sqrt{30}$不小于5。

所以，$\sqrt{30}$的立方不小于216。

该推理的前提为真而结论为假，因此它不是有效的。由此，前面那个推理也不是有效的。

与命题形式有不同的层次类似，推理形式也有不同的层次。以上推理所涉及的变项是命题，讨论命题之间的关系，属于命题逻辑考察的主题。而有些推理需要考察命题内部语词结合的方式才能判断是否正确，如下面这个例子所示：

所有真理（是）有清晰的适应边界。

性善论不是真理。

所以，性善论没有清晰的适应边界。

这个推理的形式为：

所有M是P

S不是M

所以，S不是P

下面的推理也具有如上形式：

所有猫科动物都是哺乳动物。

狗不是猫科动物。

所以，狗不是哺乳动物。

该推理前提真而结论假，所以不是有效的。同样，前面那个推理也不是有效的。

再看如下推理：

所有犬科动物都是哺乳动物。

所有狼是犬科动物。

所以，所有狼是哺乳动物。

事实上，这个推理是正确的。这个推理的形式是：

所有M是P

所有S是M

所以，所有S是P

这是一个有效式。具有该形式的推理，当其前提为真时结论也为真，因而也就不可能找到一个具有该形式的推理，其前提真而结论假。逻辑学研究的主要任务就是研究有效推理的特征，找到辨识有效推理的方法。

据上述，有效是指形式有效，其特征为具有保真性——当前提真时必有结论真，因而有效推理也叫必然性推理。

除必然性推理外，还有一类推理模式，叫或然性推理。这种类型的推理尽管不具有保真性，但是在人们探索新知中同样具有重要的价值，因而为人们日常生活大量使用。

例如，从一个装有乒乓球的不透明箱子里随机取出了三个乒乓球，发现都是红色的，由此推出这个箱子里的所有乒乓球都是红色的。这是典型的归纳推理：从一类事物中的个别对象具有某种性质推出该类事物全部对象都具有这一性质。其一般模式为：

S_1是P

S_2是P

……

S_n是P

S_1、S_2、…、S_n是S的部分对象且没有遇到反例

所以，所有S都是P

这种推理的结论超出了其前提断定的范围，可能会出现前提都是真的，而结论为假的情况。例如，上例中完全有可能取出的第四个乒乓球是橘色的，从而推翻结论。归纳推理属于或然性推理。

除归纳推理外，或然性推理还包括类比推理——根据两类事物具有某些共同属性，推出其中一类事物也具有另一类事物的某一属性。其一般模式为：

A对象具有属性a、b、c、d

B对象具有属性a、b、c
_____

所以，B对象具有属性d

例如，声和光都具有以下特性：通过直线传播，有反射、折射和干扰等现象；声有波动性，由此推出，光也有波动性。

类比推理也不具有保真性。例如，地球是太阳系的一颗行星，是球体，自转并绕太阳运行，有大气层，温度适中，有水分，有高等动物存在。火星也是太阳系的一颗行星，也是球体，自转并绕太阳运行，有大气层，温度适中，有水分；所以，火星上也有高等动物存在。前提都是真的，但是我们今天知道，结论为假。

既然或然性推理的前提并不保证结论真，只是在一定程度上支撑结论，所以对或然性推理不做有效与无效的区分，而是就前提对结论支持的程度做区分。但是，实践上支持度一般难以精确量化，只是大致区分很高、较高、低、很低等几个等级。相应地，人们使用合理性来评价或然性推理，区分很合理、较合理、较不合理、很不合理等几个等级。逻辑学对或然性推理的考察重点，是研究这类推理前提与结论联系的方式特点，提出能提高前提对结论支持度的一般原则与方法。

三、思维基本规律

除了以上从形式结构角度分析可得到演绎推理规律外，还有三条适用于任何一种思维的基本规律：同一律、不矛盾律（也叫矛盾律）、排中律以及一条原则：充足理由原则。思维无论涉及何种内容与形式，都应满足确定性、协调性以及论证性。同一律、不矛盾律和排中律从不同角度要求思维具有确定性与协调性，充足理由原则要求思维具有论证性。

我们将在阐述判断章节中介绍前三条规律，在阐述论证章节中介绍充足理由原则。

四、从逻辑到批判性思维

以1879年弗雷格（Frege，1848—1925，德国数学家、哲学家）发表《概念文字》为界，逻辑学发展历史分为传统与现代两个阶段。传统逻辑主要以两个理论为核心：亚里士多德（Aristotle，前384—前322，古希腊哲学家、科学家）的三段论以及麦加拉-斯多阿的命题逻辑。现代逻辑以逻辑演算（命题演算与谓词演算）为基础，发展出"四论"：集合论、模型论、递归论和证明论。人们一般称上述两个演算为经典逻辑，通过修改某条语义解释规则，或是对某些基本原则与规律提出质疑，如二值原则、排中律等，人们创建了一大批非经典逻辑，如多值逻辑、直觉主义逻辑、模态逻辑、认知逻辑，等等。

前面我们指出，逻辑学着重从形式角度考察思维规律。传统逻辑与现代逻辑二者在这一点上是共同的，二者之间最大的区别在于后者更为彻底，采用了形式化方法。传统逻辑只是采用字母作为变项，抽取出思维的形式结构，而现代逻辑从语句结构的解析到逻辑常项的记法都异于传统上对自然语言的分析。

从逻辑学的研究内容本身来看，传统逻辑的三段论、现代逻辑的公理演算，这些内容在其学科理论内有其自身的地位与意义，但是，人们日常思考问题并不直接运用它们。在自然科学与社会科学领域里，人们研究某一主题，例如，新冠病毒的传播途径与致病原理，市场机制如何把千百万个个体决策者的活动协调起来，在思考这些主题、作出判断的过程中，虽然需要运用逻辑规律，遵守相应规则，但所使用的通常并不是三段论知识，当然更不是现代逻辑符号演算中的定理证明，而是逻辑基本规律、简单的逻辑方法技巧。而且，这种使用更多地是以一种深藏于意识下的理性直觉引导人们思维思考的方式展开的。

从研究方法来看，逻辑学，尤其是现代逻辑大量使用特制人工符号，高度的形式化，异于人们实际的表达习惯，与人们实际思维"脱节"。

因此，出于各学科的研究实践需要，逻辑学开始注重非形式理论研究，对普及与运用给予越来越多的关注。

逻辑学批判性思维也孕育自现实生活。二十世纪五六十年代，反战运动和辩论风潮盛行于美国大学校园。学生们呼吁逻辑课程应与他们作为公民的需要相关联，并且这种呼声日益高涨。关于批判性思维兴起，在学界广为流传着这样一个故事。美国某大学逻辑学教授在课堂上正兴致勃勃地向同学们讲解现代逻辑。他自己沉醉于符号推导的严谨与形式的优美中，全然没有察觉到同学们出现的困惑与不解。这时有个学生忍不住问道："教授，这些现代逻辑演算您已经讲了几个礼拜，它与总统决定升级越南战争有什么关系？它能帮助我们判断我们的政府援助非洲国家正确与否吗？"同学的问题促使这位教授反思，在大学生中应该普及什么样的逻辑，大学倡导实施的素质教育需要什么样的逻辑。这个故事是要说明，关注、服务现实生活中的论证也极大地促进了逻辑向批判性思维转向。逻辑学将推理的有效合理作为研究对象，而批判性思维理论围绕论证展开，研究如何充分理解一个论证，并在此基础上如何质疑它、改进它。

第二节　批判性思维能力的要素

关于批判性思维能力的核心要素及其方法，笔者认为中国古代《礼记·中庸》中的一段话为我们提供了说明。

博学之，审问之，慎思之，明辨之，笃行之。有弗学，学之弗能弗措也；有弗问，问之弗知弗措也；有弗思，思之弗得弗措也；有弗辨，辨之弗明弗措也；有弗行，行之弗笃弗措也。人一能之己百之，人十能之己千之。果能此道矣，虽愚必明，虽柔必强。

其中，"博学之，审问之，慎思之，明辨之，笃行之"是批判性思维的核心，博学为手段与方法，最终目的是笃行——身体力行，落实到实践。而贯穿其中的批判性思维的灵魂就是"审问之，慎思之"。

一、审问

1. 问题之预设

提问一般都预设了一些前提条件，在这些前提条件成立的情况下，提问才是恰当合理的、有意义的。

例如，谁是当今的法国国王？该提问预设了如下前提：当今有法国这样一个国家，而且这是一个君主制国家，有国王。在这些前提下，上述提问才恰当合理。

再如，小张还想继续排练吗？该提问预设了小张之前就开始排练了。

预设是由问题当中语词意义和用法所决定的。例如，以上例子中的"国王"是君主制国家的元首称呼，"继续"是指不中断进程，这些语词的含义逻辑上决定了以上两个提问分别有上述相应的预设。

2. 问题之类型

一般可以将问题分为是否型、选择型和特殊型三种类型。以下两个都是是非型问题：

蝙蝠是哺乳动物吗？

小张的出生地是北京吗？

是否型问题可以看成是对某个简单的断定句提出了质疑所形成的。例如，第二个例子是针对"小张的出生地是北京"这个断定提出疑问。对这种类型的问题，回答在"是"与"否"之间做选择。

以下两个属于选择型问题：

蝙蝠是哺乳动物还是鸟？

小张的出生地是北京、南京还是上海？

选择型问题的答案一般在所提供的几个选择项中。当然，如果选择项没有穷尽所有可能，就属于预设不当，那答案有可能需要另外补充。例如，上述第二个例子，如果小张的出生地是广州，则先要否定问题所提供的所有选项，然后给出正确答案。

特殊型问题是针对谁、哪个（些）、何时、何地、多少、什么、为什么、怎样（如何）等而提出的问题，相应的回答不能像前面两类那样简单地根据提问在选项中做选择。例如：

（1）谁是第一个进入太空的中国人？

（2）诺贝尔是哪个国家的人？

（3）中国何时发射第一颗人造地球卫星？

（4）小张的职业是什么？

（5）为什么北极会出现日不落现象？

（6）为什么诺贝尔奖中不设数学奖项？

（7）为什么你说你对此事故不应承担责任？

（8）你们这次是怎样部署工作计划的？

特殊型问题大致可以分为两大类型：一类属于期待陈述事实。针对谁、哪个（些）、何时、何地、多少、什么的提问。上述（1）—（4）即属于此类。另一类属于期待（针对事实或主张）给出解释、论证或说明。（5）和（6）期待对事实给出（因果性）解释，（7）期待"你"对主张给出论证。（8）期待给出说明。

3. 问题的单复性

问题的单复性是指单一性与多重性。

单一问题是指一个问题。以上所举例子均是单一问题。

多重问题是指连续两个问题，或是一个问句中包含了两个问题。"你中饭吃过了吗？吃的是什么？好吃吗？"较隐蔽的是将两个以上问题包含在一个问句里的情况。以下例子都属于多重问题。

当前工作的情况和未来的发展规划如何？

是谁在什么时间拿走了桌子上的文件袋？

学校的硬件设施和校园风气如何？

了解上述有关问题的一般理论，有助于我们避免掉入无意义问题陷阱（例如不满足预设的不当提问），也可以帮助我们更有针对性地回答问题，提高沟通交流效率。

二、缜密地思考

批判性思考的重要特征在于缜密性，具体而言包括如下几个方面：一致性、相关性和可靠性。一致性是指思维不能出现自相矛盾。任何思维，一旦出现自相矛盾，就丧失了逻辑性。批判性首先要讲究逻辑性，应遵守逻辑规则和要求。相关性是指紧紧围绕所批判讨论的主题，无论是判断还是推理论证，都应针对议题。批判性思维不是空谈口号和规律，而是针对当下的问题给出建议或问题的解。可靠性是指批判性思维所根据的前提和证据应是真实可靠的，经过必要检验的。批判性思维拒绝盲从。

除以上品质外，我们认为批判性思维还要具有开放性、清晰性和前瞻性。

开放性是指多角度地全面地思考，不要墨守成规、囿于成见。尤其是在学术讨论中，对于自己的主张尽可能从多个角度阐述，能有效增强说服力，同时也要站在对方的角度，考虑对方可能给出的反驳。这样一方面有助于及时发现自己的论证漏洞，予以补漏，另一方面也能减少他人的误解，使自己的论证更严谨、更有力，令自己的主张无懈可击。

清晰性是思考问题层次分明，条分缕析。犹如同样的场景，较高像素照片将物体更清晰逼真地呈现出来，更易让人看清实物。思维领域里，类似像素的因素是框架，包括概念、判断、推理等这些思维形式。思维领域中的像素高相当于框架科学合理，即准确运用概念，正确进行判断，推理缜密可靠，论证充分合理。在接下来的几章中将详述这些主题。

前瞻性是要求思维具有预见性与应用价值，更好地指导人们生产与生活。这对于处于现代化建设进程的中国尤其重要。"哲学家们只是用不同的方式解释世界，而问题在于改变世界。"逻辑学作为一门思维方法论，帮助人们认识事物本质，从而准确地预判事物的发展方向。将逻辑学运用于思维实践，更加关注人们日常思维中经常遇到的现实问题，能更有针对性地帮助人们提高批判性思维能力，更科学地规划，并适时调整战略，实施科学的动态决策，让迈入新时代的中国稳步前行。因此，研究和发展逻辑与批判性思维具有重要的实践意义。

第二章

澄清概念

第一节　什么是概念

一、概念的定义

概念是通过反映对象本质属性及固有属性以反映对象的思维形式。人类通过概念思考，借助概念把握对象。对象各种各样：形态上有形或无形、圆的或方的，颜色上或紫或红，尺寸上或大或小，范畴上或物质或精神，价值上美的或丑的、善的或恶的等。同时，对象自身与其他对象之间有某种关系，如兄弟、赞扬、大于、之前、左边、喜欢或击败。主体凭借性质与关系思考对象、把握对象。

性质或关系统称为事物的属性。属性有偶有属性、固有属性与本质属性之分。偶有属性为该类事物部分对象具有，部分对象不具有；固有属性则为该类对象全部具有；本质属性则是该类对象全部具有且仅为该类对象具有。例如：对于人类而言，"有金色头发和白皮肤"是其偶有属性；"有肝和肾"是其固有属性；"能制造和使用劳动工具"是其本质属性。"人"这一概念，舍弃肤色、性别、美丑、高矮等偶有属性，将其界定为能制造和使用劳动工具的动物，以此区别人与其他动物。这一过程就是抽象。概念就是将一些具体对象的从某些角度看来不重要的偶有属性舍弃，抽取出关键重要的属性，从而概括这些具体对象，成为一类。

概念是一种抽象。不过，有的概念抽象程度高，有的相对低。例如，"水果"比"苹果"更抽象，"文具"比"铅笔"更抽象，"品行"比"尊老爱幼"更抽象。一般而言，一个概念概括的东西越多，则越抽象。哲学概念比其他学科概念抽象，原因即在于哲学作为世界观系统与理论性的总结，是其他学科的概括，因而甚至被认为是科学之科学。

问题与思考：

以下哪个概念最抽象？最抽象的概念，也就是最概括的概念，即把一切概括其中的概念。

A. 宇宙（universe）　　B. 所有（all）　　C. 物质（substance）

D. 存在（existence）　　E. 空（empty）　　F. 东西（thing）

解析：宇宙是时间与空间里一切事物构成的唯一对象。宇宙这个类只概括一个个体。宇宙这个概念只有一个分子。万物都在宇宙中，但宇宙中的任何一物都不是宇宙自身。从逻辑上说，宇宙是个并不抽象的概念，而是很具体的概念。

有人选择A可能出自以下考虑：既然最抽象的概念就是概括一切的最大类概念，那么，由于宇宙包罗万象，一切都在宇宙之中，因此，宇宙这个概念是最抽象的。选择A混淆了宇宙包含了万物和概念概括对象，这二者是不同的。

答案B有类似不当。"所有"断定了对象的范围，但并没有概括范围内的对象。因此，"所有"是断定某范围内的任一个体。另外，"所有"是形式概念。当我们说概念是类在思维中的存在形式，一个概念唯一地确定一个类，这是指实质概念，而不是形式概念。重要的形式概念除了"所有"外，还有"有些""并且""或者""并非""必然""可能"等。形式概念是逻辑学的重要研究对象，后面要专门讨论。

答案C无疑是个极为抽象的哲学概念，但还不是最抽象的。因为"一切皆物质"不成立。例如，"马克思主义思想是物质"不成立。

答案D比答案C抽象，但还不是最抽象的。因为"一切皆存在"不成立。例如，"永动机存在"不成立。

答案E是基于佛教断语"一切皆空"。答案E在逻辑上已得要领。

因为空是最抽象概念，就是指"一切皆空"成立。但问题在于，什么是"空"？为什么"一切皆空"？对此的解释是宗教的，而不是科学的。

答案F很机智。因为没有东西不是东西，因此，"一切皆东西"成立。但问题同样是：什么是东西？你不能说东西就是东西，因此，没有东西不是东西。

概念和语词既有区别也有联系。概念是思维形式，是语词的思想内容，属于抽象的思想形态。语词是概念的存在或表现形式，是具体的物质形态。任何概念都由语词表达，但有的语词不表达概念。一般而言，语言学认为实词（名词、代词、形容词、动词和数量词等）表达概念，而虚词不表达概念。另外，在不同语境下，同一概念可由不同的语词表达，同一语词也可表达不同的概念。这就是自然语言的歧义性。例如，语词"老"在不同语境下表达不同的概念："老当益壮"指年纪大，"老朋友"指时间长，"老人家"指对年纪大的人的尊称，"扶老携幼"泛指老年人，"老羞成怒"指程度深，"老是生病"指经常。语境及其相关的自然语言歧义，是逻辑思维和逻辑分析密切关注的重要问题。

二、内涵和外延

概念反映对象的本质属性与固有属性。这些属性反映到概念中，构成了概念的内涵。而所反映的这些对象构成类，这一对象类就是概念的外延。

例如，"商品"的内涵是"为交换而生产的劳动产品"。所有商品组成的类，就是"商品"这个概念的外延。组成类的一件件商品，称为这个类的分子，或是外延中的个体。"进口商品""国产商品""工业商品""日用品"等，是"商品"这个类的子类。

"人"的内涵是"能制造和使用劳动工具的动物"。所有人组成的类，就是"人"这个概念的外延。而一个个具体的人，称为这个类的分子，"男人""女人"是这个类的子类。

任何概念都有内涵与外延，这是概念的逻辑基本特征。澄清概念就是澄清其内涵，明确其外延。例如，一个人是否把握了"奇数"这个概念，一方面可以问其是否了解这个概念的内涵，另一方面可给出若干具体的数，问这些数是不是奇数，即是否属于"奇数"这个概念的外延。

确定一个对象是否属于某概念的外延，标准是看该对象是否具有这个概念的内涵相应的属性。

例如，为确定整数37是否属于"奇数"这个概念的外延，就要了解"奇数"这个概念的内涵，明确37是否有相应于此内涵的属性，该属性为：不能被2整除。其实也就是问：37是否是奇数？

类似地，为确定中国是否属于"联合国"这个概念的外延，就要了解"联合国"这个概念的内涵。就是问：中国是否是联合国？"联合国"这个概念的内涵是："在第二次世界大战后成立的一个由主权国家组成的政府间国际组织。"中国是一个主权国家，而不是一个国际组织，因此，中国不属于"联合国"这个概念的外延。中国属于"联合国成员国"这个概念的外延，因为中国是联合国成员国。

问题与思考：

以下断定是否正确？

（1）概念的内涵不反映（一类对象的）偶有属性，也不反映固有属性，只反映本质属性。

（2）同一概念的外延具有唯一性。

（3）同一概念的内涵具有唯一性。

（4）河北省属于"中国"这一概念的外延。

解析：（1）不正确。概念的内涵确实不反映偶有属性，但并非不反映固有属性，因为本质属性也是一种固有属性。

（2）正确。

（3）不正确。一类对象的本质属性不是唯一的，因此，同一概念的内涵不是唯一的。如圆周率这一概念，"圆周长与直径之比值"，"方程 $\sin x=0$ 的最小正实数解"都是圆周率的本质属性，都是圆周率这一概念的内涵。再如人这一概念，生物学和社会文化学会给出不同的解读，这些解读都是人这一概念的内涵。即使从生物学角度，古人所概括的"没有羽毛直立行走的两腿动物"与今天给出的基因界定，都能把人与其他对象区别开来，因此都是人的本质属性，都可以是人这一概念的内涵。

显然，同一概念的不同内涵可以有较为深刻与较为肤浅之分，也就是说，同一概念可以在不同的意义上使用。何种内涵较为深刻或肤浅，一般来说，这不是个逻辑问题。逻辑只要求同一概念的不同内涵必须有相同的指称，即必须确定相同的外延。

（4）不正确。河北省这一个体不具有"中国"这一概念的内涵，因而不属于其外延。河北省属于"中国省级行政区"这一概念的外延。

三、单独概念、普遍概念与空概念

外延只有一个分子的概念，称为单独概念，如"中华人民共和国"。外延有多个分子的概念，称为普遍概念，如"首都"。外延没有分子的概念，称为空概念，如"永动机""龙"。

普遍概念由通名表达。通名也可以表达空概念。例如，"城市"和"永动机"都是通名。

单独概念由专名或摹状词表达。例如，"太原"是专名。"太原"这一单独概念也可以表达为"山西省会"。这里，"山西省会"就是摹状词。

摹状词通过刻画某种属性确定地指称一个对象。例如，"中华人民共和国的首都""《三国演义》的作者"都是摹状词（相应地，"北京""罗贯中"是专名）。

摹状词刻画和指称的对象可以不存在，因此，摹状词也可以表达空概念。例如，"19世纪第一个登上月球的人"就是一个表达空概念的摹状词，也称为空摹状词。

专名只有所指，没有通常所说的文字的涵义。例如，"即墨"①是地名，但仅是约定，不刻画相应地方的属性，与"即""墨"二字的涵义没有什么关联。而通名或摹状词恰恰是通过文字固有的涵义提供其所指对象的特征，从而与所指关联。

问题与思考：

以下断定是否正确？

（1）空概念只有内涵没有外延。

（2）空概念只表达反科学（迷信、伪科学）思想。

（3）普遍概念只能由通名表达；单独概念只能由专名或摹状词表达；空概念可由通名也可由摹状词表达，但不能由专名表达。

（4）"奥运会金牌得主"是摹状词。

解析：（1）不正确。空概念既有内涵又有外延。空概念的外延是空类，空类也是类。

（2）不正确。空概念由于所指的对象不存在，因此通常表达荒谬的思想。但有时科学思想需要借助空概念才能表达。例如，牛顿第一定律：所有不受外力作用的物体都做匀速直线运动。其中，"不受外力作用的物体"就是一个空概念。

---

① 山东省青岛市辖区。

（3）正确。

（4）不正确。摹状词刻画的对象必须具有唯一性，"奥运会金牌得主"不具有唯一性。事实上，"奥运会金牌得主"是通名，表达普遍概念。

问题与思考：

以下二人的对话中是否包含矛盾？

张珊：什么是空概念？

李思：外延没有分子的概念，是空概念。

张珊：任何对象都是它自身。因此，空概念是空概念。对吗？

李思：对。这是同一律要求的。

张珊："永动机""19世纪第一个登上月球的人""不受外力作用的物体"都是空概念。对吗？

李思：对。

张珊：这说明空概念这一概念的外延不只包含一个分子。因此，空概念不是空概念。对吗？

李思：对。

张珊：你是否发现自己陷入了自相矛盾？

解析：李思并没有陷入自相矛盾。将空概念本身视为对象，因为任何对象与其自身等同，因而空概念是空概念。此时的"空概念"所指相同。而在分析概念时，我们定义了空概念、单独概念与普遍概念三种类型，任何一个概念恰好属于这三者之一。同时空概念自身也是概念，属于这三者中的普遍概念。因此，空概念不是空概念。据上分析，上一个句子中"空概念"的两次出现所指不同：第一次出现的"空概念"是被讨论的对象，第二次出现的为描述对象的概念。

问题与思考：

以下二人的对话中是否包含矛盾？

张珊：你认同"永动机"是空概念？

李思：是的。

张珊：为什么？

李思：因为"永动机"的内涵是"不消耗能量而做功的机器"，不存在对象具有这种属性，因此，它的外延是空的。

张珊：一切都是对象，因而"永动机"也是对象。你同意吗？

李思：同意。永动机虽然不存在，但可以被思考。根据"对象"的涵义，永动机也是对象。

张珊：因此，存在对象不存在，是吗？

李思：是的。

张珊：你是否发现自己陷入了自相矛盾？

解析：李思并没有陷入自相矛盾。存在对象不存在。"不存在"指不存在于经验世界，"存在对象"中的"存在"指存在于思维当中。

四、正概念与负概念

正概念是反映对象具有某种属性的概念。例如，司机、党员、正式代表、正当竞争等。

负概念是反映对象不具有某种属性的概念，也叫否定概念。例如，非司机、非党员、非正式代表、不正当竞争等。

表达负概念的语词往往含有"非""未""不""无"等否定词，如"不允许""未成年人""未婚"等。不过，这些词都应表达否定，否则，整个语词表达的就不是负概念，如"非洲""不丹"这些语词所表达的概念就不是负概念。

负概念所反映的是处于某一特定范围内的那些不具有某种属性的对象。这个范围叫作论域。例如，"非法行为"这个负概念，它的论域是所有行为，它反映了此论域内那些没有合法性这一属性的行为。

五、类与集合体

问题与思考：

"人"是个群体，由张三、李四这些个体组成；"森林"也是群体，由这棵松树、那棵柏树这些个体组成。这两种群体之间的实质性区别是什么？

解析：二者的区别是张三、李四等组成了人，并且张三、李四自身都是人；这棵松树、那棵柏树等组成了森林，但这棵松树、那棵柏树自身不是森林。

相对于张三、李四等个体，由其构成的人这一群体称为类；相对于这棵松树、那棵柏树等个体，由其构成的森林这一群体称为集合体。

类所具有的属性，必然为组成类的每个个体（分子）具有；集合体具有的性质，不必然为组成集合体的每个个体具有。

根据定义，概念的所指只能是类。概念由语词表达。在日常思维中，有一个需要关注的特殊现象：表达概念的语词有时在特定的语境下，其所指是集合体，而不是类。这种在集合体意义上使用的语词，传统上称为表达了"集合概念"。

确定一个语词是否表达"集合概念"，不能离开所在语句及其语境。一个语词自身是否表达"集合概念"，这一问题不成立。

由于同一语词在不同语境下既可以表达"集合概念"，也可以表达类，这就易于偷换概念。如下例：

以人为本

我是人
_____
所以，以我为本

在前提"以人为本"中，"人"是"集合概念"，而在前提"我是人"中，"人"是类概念。两个真前提推出了假结论，问题就出在偷换概念。

六、概念外延间的相容与不相容

运用概念作出判断，本质上涉及概念外延间的关系。

对任意概念A和B，如果它们的外延有共同的分子，则称为相容；否则，称为不相容。

1. 概念的相容

概念的相容，分为全同、属种、种属和交叉四种关系。

第一，全同关系。A和B全同，指二者的外延相同，即A是B且B是A，表示为图1：

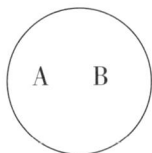

图1

例如，"等边三角形"和"等角三角形"这两个概念就是全同关系。

以上我们用圆形来刻画概念的外延及其关系。这种图形称为欧拉图。

具有全同关系的概念，外延相同，内涵不必相同。例如，"瑞士的首都"和"伯尔尼"外延相同，但内涵不同。

第二，属种关系。A和B具有属种关系，是指B是A，但有A不是B，表示为图2：

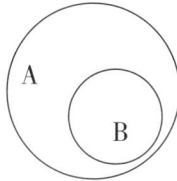

图2

如果A和B具有属种关系，则称A是B的属概念，B是A的种概念。例如，"哺乳动物"与"猫"二者构成了属种关系。

A和B具有属种关系，也称A真包含B。

第三，种属关系。A和B具有种属关系，是指B和A具有属种关系，也即A是B，但有B不是A，表示为图3：

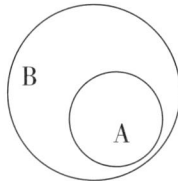

图3

例如，"人"与"动物"二者构成了种属关系。

A和B具有种属关系，也称A真包含于B。

第四，交叉关系。A和B交叉，是指有A是B，有A不是B，并且有B不是A，表示为图4：

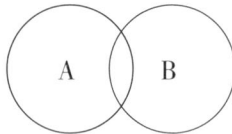

图4

例如，"鸟"和"飞行动物"是交叉关系。

2. 概念的不相容

A和B不相容，表示为图5：

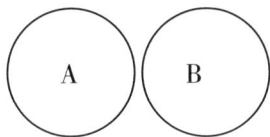

图5

根据某种语境，不相容概念有一个确定的属概念，称为论域。例如，"铜"和"铁"的论域是"金属"。

根据论域，概念的不相容，分为矛盾和对立两种关系。

第一，矛盾。A和B矛盾，是指A和B不相容，并且A和B的外延之和等于其论域C，表示为图6：

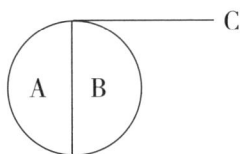

图6

例如，"男人"和"女人"是矛盾关系。

矛盾关系，也称为互补关系。具有矛盾关系的两个概念，其中一个称为另一个的补概念。例如，"男人"是"女人"的补概念，反之亦然；"非城市人口"是"城市人口"的补概念，反之亦然。

第二，对立。A和B对立，是指A和B不相容，并且A和B的外延之和小于其论域C，表示为图7：

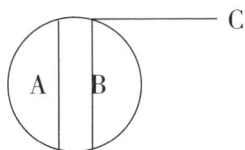

图7

例如，"老年人"和"青年人"是对立关系。

问题与思考：

分别相应于所有S都是P、所有S都不是P、有S是P、有S不是P这四种情况，以下哪项或哪些项所断定的S与P的关系是可能的。

A. 不相容关系　　B. 全同关系　　C. 属种关系

D. 种属关系　　　E. 交叉关系

解析：答案分别为：B、D；A；B、C、D、E；A、C、E。

上述结论可形象地呈现在表1中：

表1

情况	所有S都是P	所有S都不是P	有S是P	有S不是P
S P（全同）	成立	不成立	成立	不成立
S在P中	成立	不成立	成立	不成立
P在S中	不成立	不成立	成立	成立
S交P	不成立	不成立	成立	成立
S P分离	不成立	成立	不成立	成立

第二节　明确概念的方法

一、定义

1. 概念陈述

概念以一种隐含浓缩的方式反映和体现对象的本质属性与固有属性。将隐含在概念中的思想通过陈述句叙述出来，就是概念陈述。如果概念陈述将概念所反映的对象的固有属性揭示出来，就是适当的概念陈述；否则，就是不当的。如果将所反映的对象的本质属性明确地揭示出来，则概念陈述就是定义。定义就是以简短明晰的语言揭示概念内涵所反映的事物的本质属性的逻辑方法。因此，定义都是适当的概念陈述。但并非所有适当的概念陈述都是定义。例如，"人是动物"这一概念陈述适当，但不是定义。同样，"社会主义就是解放生产力"，这一概念陈述适当，但不是定义。因为"解放生产力"是社会主义的固有属性，不是本质属性。社会主义解放生产力，但解放生产力的不一定是社会主义。

问题与思考：

以下概念陈述是否适当？

1.人是上帝的杰作。

2.人是自私的动物。

3.人是社会性动物。

4.人是有思想的动物。

解析：1.不当。因为没有人是上帝的杰作，"上帝的杰作"不是人的属性。

2.不当。因为有人自私，但并非人都自私。自私是人的偶有属性，不是固有属性。

3.适当但不是定义。社会性是指生物个体不能脱离群体（集体或社会）而孤立生存的属性。人有社会性，但人并不是自然界中唯一具有社会性的生物。自然界中，还有很多生物看起来比人更具有社会性，如蚂蚁、蜜蜂等。因而，社会性是人的固有属性，但不是本质属性。

4.是定义。因为人都有思想，有思想的都是人。有思想是人的本质属性。

人们寻求真理，就应避免作出不当的概念陈述，运用适当的概念陈述。适当性是一个语用概念，也即，随语言使用环境的改变，其含义与标准会有相应改变。同一个概念陈述，在不同的语境下，可以具有不同程度的适当性。例如，"社会主义就是解放生产力"与"社会主义就是走共同富裕的道路"，这两个关于社会主义的概念陈述都是适当的，但在强调发展的语境下，前者具有较高的适当性；在强调缩小贫富差距、维持社会公正的语境下，后者具有较高的适当性。需要特别强调，从社会主义的概念内涵来看，上述两种概念陈述本身并不对立，只是语境的片面与孤立使得适当性的程度有高低不同，但这并不是截然的正确、错误之分。出现这种情况，根源于片面地、孤立地认识看待事物，未能探究到事物的本质。

为克服这种片面性，我们的思维就需要进入更深入的层面，努力认识事物的本质。一旦把握事物的本质，我们就可以将适当的概念陈述表述得更准确、更全面。获得概念的定义，将概念的内涵叙述出来，也就是揭示事物的本质。

2.定义的结构和方法

定义是以简短明确的语句揭示概念内涵的逻辑方法。例如：

重力是物体由于地球的吸引而受到的力。

但简明仅是相对而言的，有的概念，其定义并不是简短的一句话就能概括的。例如：

彩虹，又称天虹、绛等，简称虹，是气象中的一种光学现象，当太阳光照射到半空中的水滴，光线被折射及反射，在天空上形成拱形的七彩光谱，由外圈至内圈呈红、橙、黄、绿、蓝、靛、紫七种颜色。

但无论简繁，定义的一般形式都是：

被定义概念=（邻近）属概念+种差。

其中，等式左边称为被定义项，右边称为定义项。如以上第一个例子，"重力"是被定义项，"物体由于地球的吸引而受到的力"是定义项，其中"力"是（邻近）属概念，"物体由于地球的吸引而受到的"是种差。定义中，将被定义项与定义项联结起来的部分，称为定义联项。以上两个例子中，定义联项均为"是"。

定义的一般方法是：首先，将定义项恰当地归类，即确定（邻近）属概念；其次，确定被定义概念与同属的其他种概念之间的差别，即种差。种差通常揭示被定义概念的特有性质。这种定义也叫属加种差定义。根据种差的内容，属加种差定义又可分为性质定义、关系定义、功用定义与发生定义等不同类型。

性质定义就是以反映对象的本质为种差的属加种差定义。例如：

人是能制造和使用劳动工具的动物。

关系定义就是以反映一定对象与其他对象之间的关系为种差的属加种差定义。例如：

叔叔是与父亲辈分相同而年龄较小的男子。

功用定义就是以反映对象的功能或作用作为种差的属加种差定义。例如：

笔是用作书写的文具。

发生定义就是以反映对象的产生或形成过程作为种差的属加种差定义。例如：

圆是平面上一动点围绕一定点做等距离运动而形成的封闭曲线。

要注意，使用属加种差定义方法给同一个概念下定义，如果选择不同的（邻近）属概念，相应地就要选取不同的种差。例如：

长方形是有一个角为直角的平行四边形。

长方形是四个角为直角的四边形。

从不同角度分析事物对象，可得到它各种不同的特有性质。例如，水这种物质，有诸如密度、标准大气压下的冰点及沸点等物理特性，而同时，它也具备由两个氢原子与一个氧原子组合的化学特性。对同一个概念，不同学科通过揭示其不同内涵反映事物，得到这个概念的不同的属加种差定义。

属加种差定义是明确一个概念的重要方法，是科学研究常用的方法。但是，对一个学科中的范畴，由于其所反映的是该学科领域中外延最大的类，因而它没有属概念，也就不能使用属加种差方法定义它。

单独概念的外延仅含有一个对象，我们不难找到该对象的某种性质，将其与同一个种下的其他对象区分开来，该性质可以充当逻辑意义上的本质属性，但无论哪一种性质都难以充当认识论意义上的本质属性。因此，一般而言，我们也不能使用属加种差定义给单独概念下定义。

3. 定义的规则

正确的定义要遵守以下规则：

第一，定义项的概念认知度要高于被定义项。定义用词要清楚确切，不能用比喻。

定义要揭示概念的内涵，为此，所使用的概念必定更为人们所熟知。也就是说，相对于被定义项，人们一般更容易把握定义项。违反这一规则，称为晦涩定义。例如，唯信息论指出，信息作为世界的生元，它来自母宇宙族群的模式基因；信息作为世界过程本体的自身，是多阶演进的宇宙秩序模组。在这个定义中，"世界的生元""母宇宙族群""模式基因"等概念比"信息"这个概念更生僻。如果不先定义这些概念，人们通过刚才的定义无法获得信息是什么。

定义项要揭示概念的内涵，必须使用清楚确切、内涵明确的概念，不能使用比喻。如"数学是研究世界空间形式和数量关系的科学"符合此要求，而"数学是锻炼思维的体操"只是比喻，不是定义。

第二，定义项与被定义项的外延必须是全同关系。

违反这一规则，有三种情形。第一种是定义项真包含被定义项。这种情形称为定义过宽。例如，将人定义为"社会性动物"，就属于这种情形。第二种是定义项真包含于被定义项。这种情形称为定义过窄。例如，将人定义为"有良知的动物"就犯定义过窄的错误。其他情形就属于第三种情形。被定义项与定义项有可能是交叉关系，甚至也有可能是全异关系。这种情形将定义项归于不恰当的属概念。这种错误称为归属不当。例如，如果将鲸定义为"现存地球上最大的鱼"，就犯了这种错误。

第三，定义项不能直接或间接地包含被定义项。

如果定义项直接包含了被定义项，称为同语反复。例如，"逻辑学是研究思维的逻辑形式及其规律的科学"，是同语反复。

如果定义项间接包含了被定义项，称为循环定义。例如，"生命是有机体的新陈代谢"，是循环定义，因为"有机体"被定义为"有生命的个体"。

第四，定义一般要用肯定陈述，但并非不能用否定性陈述。

定义应当揭示被定义项具有什么内涵，而否定性陈述只能说明被定义项不具有什么内涵。对于负概念，因为有相对的论域，因而通过否定性陈述可以确定论域中另一部分即为其内涵所适用。不过，当用否定性陈述时，即当A被定义为非B（或不是B）时，A和B必须互补。例如，"健康就是非病状态"，这一定义有误。因为"健康"和"病"不相容，但不互补。"亚健康就是非病非健康状态"，这一定义正确。因为"亚健康就是非病非健康状态"，等同于"亚健康不是病或健康状态"，而"亚健康"与"病或健康"互补。

问题与思考：

以下定义是否正确？

（1）健康就是非病非亚健康状态。

（2）时尚是流行的生活样式。

（3）爱情是男女间的感情。

（4）爱情是男女间爱恋的感情。

（5）爱情是男女间基于性欲的感情。

（6）爱情是男女间排他的感情。

解析：（1）不正确。前面指出，"亚健康就是非病非健康状态"，这一否定性陈述作为定义是正确的。因为"亚健康"与"病或健康"互补。尽管"健康"与"病或亚健康"同样互补，但"健康就是非病非亚健康状态"作为定义有误。因为"亚健康"的概念认知程度低于"健康"。另外，如果"亚健康"定义为"非病非健康状态"，而"健康"定义为"非病非亚健康状态"，犯了循环定义的错误。

（2）不正确。定义过宽。时尚是流行的生活方式，但流行的生活方式不能都称为时尚，如东方人使用筷子，西方人使用刀叉，这种流行的生活方式目前都不能称为各自的时尚。时尚往往由一部分人引领，是流行的生活样式的初始阶段。

（3）不正确。定义过宽。例如，父女或母子之间的感情不是爱情。

（4）不正确。同语反复。爱情与爱恋是同一概念，二者之间的差别是语言学方面的，前者为名词，后者则为动词。

（5）不正确。定义过窄。性欲只是人的生命特定阶段的机能，但爱情可以伴随终生。

（6）不正确。定义过窄。男女间排他性的感情是爱情的重要特征，但这并非爱情特有，单亲子女对父亲或母亲再婚所表现的排他感情，不是爱情。

4. 语词定义

以上讨论的属加种差定义是揭示概念的内涵，又称为实质定义。此外，还有一种语词定义，是规定或说明语词的意义。规定语词意义的定义称为规定的语词定义，说明语词意义的定义称为说明的语词定义。

4.1　规定的语词定义

规定的语词定义是人为地给语词规定某种意义。规定意义有宜（适宜、合理、妥当）与不宜之分，但没有真与不真之分。具体地又细分为如下类型：

（1）为模糊的语词规定确切的涵义。如成年人指年满18周岁的人。

（2）为冗长的叙述规定简约的表达。如把"中国共产党始终代表中国先进生产力的发展要求，中国共产党始终代表中国先进文化的前进方向，中国共产党始终代表中国最广大人民的根本利益"简称为"三个代表"。

（3）为专门用语规定严格的意义。如法律对"故意犯罪"和"过失犯罪"的专门用语规定严格意义："明知自己的行为会发生危害社会的结果，并且希望或者放任这种结果发生，因而构成犯罪，是故意犯罪。""应当预见自己的行为可能发生危害社会的结果，因为疏忽大意而没有预见，或者已经预见而轻信能够避免，以致发生这种结果的，是过失犯罪。"

（4）为旧词赋新义。如班固（32—92，东汉史学家）在《汉书·河间献王传》中，称赞汉景帝之子刘德，说他"修学好古，实事求是"。颜师古（581—645，唐训诂学家）注说："务得事实，每求真是也。""实事求是"一词，原指从古书中求事实真相，表示读古书的态度。毛泽东在《改造我们的学习》中赋之以新义，"'实事'就是客观存在着的一切事物，'是'就是客观事物的内部联系，即规律性，'求'就是我们去研究"，把"实事求是"作为理论与实际统一的科学态度的代名词。

4.2　说明的语词定义

说明的语词定义是对语词已经确定的意义给以说明。说明的语词定义通常用于对多义含混的语词说明特定用法，对罕用语词、古文词、方言词或外来词等说明其意义。例如，"驹"是指两岁以下的马。说明的语词定义有真假之分。正确说明原来意义的为真，否则为假。例如，将"嚆矢"说明为"响箭"为真，而将其说明为"长箭"则为假。

二、划分

划分是从外延角度明确概念的方法，将概念的外延分成若干个子类。例如，香料分为人工香料和天然香料。

划分有三个构成要素：母项、子项和划分标准。例如，"国家分为发达国家、发展中国家和最不发达国家"，这一划分的母项是"国家"，子项是"发达国家"、"发展中国家"和"最不发达国家"，划分标准是经济发展水平。

依据不同的划分标准，同一母项可以划分为不同的子项，从而得到对同一概念的不同划分。正确的划分要遵守以下规则：

第一，同一划分必须依据同一标准。违反这一规则，称为划分标准不一。

例如，"战争分为常规战争和和世界战争"，这一划分依据两条不同的标准：一条是战争所用的武器（使用常规武器还是大规模杀伤性武器）；另一条是战争涉及的地域。依据第一条标准，战争分为常规战争和核战争；依据第二条标准，战争分为局部战争和世界战争。

第二，子项必须不相容。违反这一规则，称为子项相容。

例如，"人分为女人与老人"。这一划分的子项彼此相容，不利于明确人的外延。

划分标准不一会导致子项相容。此例中的划分所得的两个子项分别是根据性别与年龄两个标准。

第三，子项的外延之和必须等于母项。

违反这一规则，如果子项的外延之和大于母项，称为划分过宽；如果子项的外延之和小于母项，称为划分过窄。

例如，"直系亲属包括父母、兄弟姐妹、子女和配偶"，划分过宽；"直系亲属指的是父母和子女"，划分过窄。事实上，直系亲属是指与当事人有直接血缘关系或婚姻关系的人，兄弟姐妹不在此列，配偶属于有直接婚姻关系者。

第四，子项必须属于同一层次。违反这一规则，称为子项不当并列或概念不当并列。

概念具有层次性。例如，生物分类层次分明，是典型的划分。图8清晰地显现生物种类的划分层次，标明了人类所在的智人种在其中所处的位置。

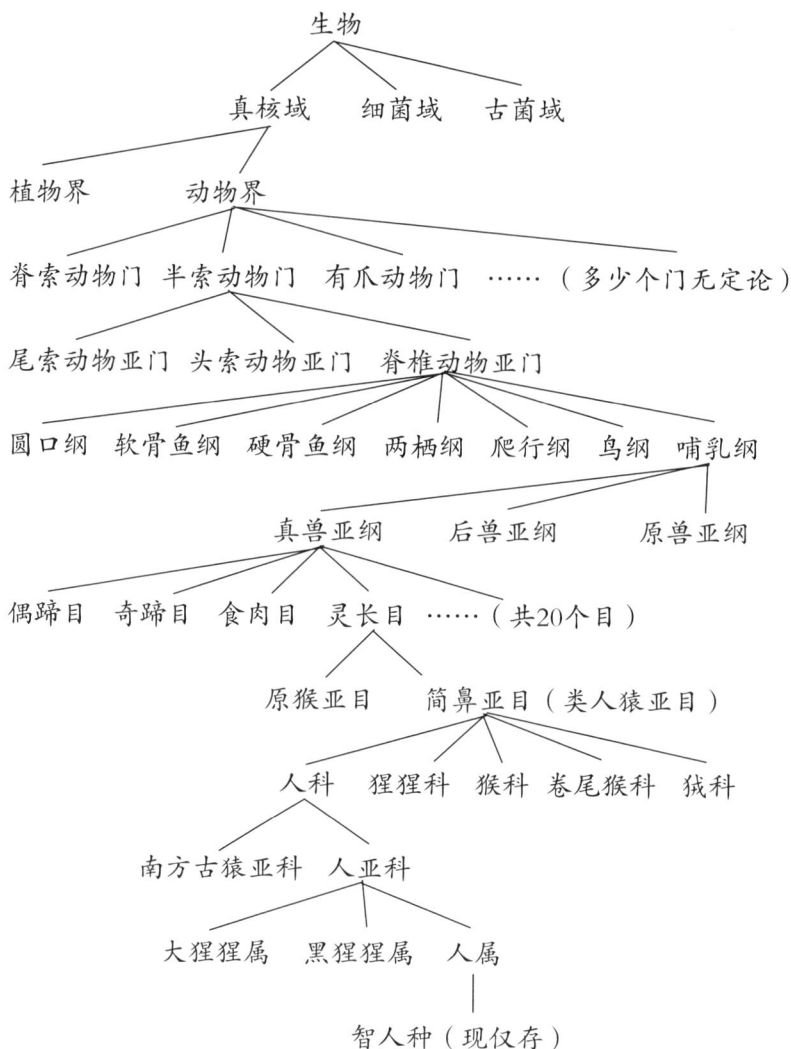

生物
真核域 　细菌域 　古菌域
植物界 　动物界
脊索动物门 　半索动物门 　有爪动物门 　…… （多少个门无定论）
尾索动物亚门 　头索动物亚门 　脊椎动物亚门
圆口纲 　软骨鱼纲 　硬骨鱼纲 　两栖纲 　爬行纲 　鸟纲 　哺乳纲
真兽亚纲 　后兽亚纲 　原兽亚纲
偶蹄目 　奇蹄目 　食肉目 　灵长目 　…… （共20个目）
原猴亚目 　简鼻亚目（类人猿亚目）
人科 　猩猩科 　猴科 　卷尾猴科 　狨科
南方古猿亚科 　人亚科
大猩猩属 　黑猩猩属 　人属
智人种（现仅存）

图8

问题与思考：

要把加强法治的任务落实到每个工厂、农村、机关、学校。

解析：这一断定中，“工厂、农村、机关、学校”属概念不当并列。其中，“农村”应改为“乡村”。与“农村”恰当并列的是“城市”。

问题与思考：

中华民族5000年来经历过很多的危机、入侵和内乱，但中华文明和历史能够一直延续而没有中断或湮灭，其中最有力的传承工具，就是我们的语言和文字。（摘自某专著）

解析：入侵和内乱都是危机，属概念不当并列。

问题与思考：

女士们、先生们、朋友们：……

解析：有误，属概念不当并列。

问题与思考：

女士们、先生们，朋友们：……

解析：无误。

三、限制与概括

在具有属种关系的概念之间，存在内涵与外延的反变关系：内涵较少的概念外延较大；内涵较多的概念外延较小。例如，"动物"和"猫"具有属种关系，前者内涵较少（"动物"的内涵"人"都具有，"人"的内涵"动物"不都具有）外延较大，后者内涵较多外延较小。

通过减少内涵，扩大外延，由种概念得到其属概念的方法，称为概括。例如，由"动物"得到"生物"，就是概括。

通过增加内涵，缩小外延，由属概念得到其种概念的方法，称为限制。例如，由"动物"得到"马"，就是限制。

概括提高概念的抽象度，而限制降低概念的抽象度。

概念的运用，要求有恰当的抽象度。如果抽象度不恰当地高，称为不当概括；如果抽象度不恰当地低，称为不当限制。定义过宽是不当概括；定义过窄是不当限制。不当概括可用适当限制来纠正；不当限制可用适当概括来纠正。

问题与思考：

指出以下语句中的逻辑漏洞。

1. 黄土高原适宜种植小麦、玉米、油菜等粮食作物。

2. 小学生爱看《小学生周报》《故事会》《少年报》等报纸。

3. 大学生国际夏令营计划在报教育部审批后，由相关院校在一年内负责实施。

4. 凡需发展改革委审批可行性研究报告的项目，必须在可行性研究报告批复后安排投资；凡需发展改革委批复初步设计的项目，在可行性研究报告批复后只能安排少量前期工作投资，项目主体工程投资必须在初步设计批复后安排。

解析：1. 不恰当。油菜并不是粮食作物，"粮食作物"应改为"农作物"。

2. 不恰当。《故事会》不属于报纸，"报纸"应改为"课外读物"。

3. "批准"误用为"审批"，属概念不当概括，"审批"应为"批准"。

4. "批准"误用为"批复"，属概念不当概括，"批复"均应为"批准"。

第三节　避免概念使用不当

本节通过举例说明概念使用当中需要注意的问题，避免概念使用不当。

一、准确把握概念的内涵和外延

1. 庆祝祖国母亲71周岁华诞　大城县各界党员干部群众参加升国旗仪式①

解析：根据《国语辞典》，"祖国"一词指祖籍所在的国家；根据《现代汉语词典》，"祖国"指自己的国家。它有生存立足之地的含义，指生我养我世代相传生生不息的一方土壤。因此，人们常将祖国比喻为母亲。就这种含义而言，我们中国人的祖国中国，是一个有着五千年历史的文明古国，是世界四大文明古国之一，显然不只71周岁。这句话将"祖国"跟"政权"这两个概念混淆了。1949年10月1日建立的是新中国，不是中国，更准确地说是中华人民共和国（政权）。所以，我们可以说新中国诞辰71周年，庆祝中华人民共和国成立71周年，但不能说庆祝祖国母亲71岁生日。

2. 他出生于福建，十几岁时随父母移居美国，如今加入了美国籍，但像他这样的华侨依然热爱自己的祖国。

解析：华侨是在国外定居的具有中国国籍的自然人。具有中国血统，但已经加入或取得外国国籍的人，不属于华侨。取得所在国国籍的中国血统的外国公民，我们一般称为华人。因此，例句中的"华侨"应改为"华人"。

3. 征婚启事：征40岁以下，身高1.6米以上，相貌端正，朴实善良的女士为伴，婚否不限。

解析：婚否是指是否结婚了，婚否不限就是已婚的和未婚的不受限制，都可以。但这显然不是征婚者所欲表达的意思。征婚者是想要表达，

---

① https://dy.163.com/article/FNV3HFFF0514E3O9.html（2020-10-02 18:57:59，来源：大美大城）。

结过婚但现在已离婚者也可以，因此，"婚否不限"应该改为"离异不限"。

4. 迈入新时代，光明中学勤奋学习的风气蔚然成风。

解析："蔚然成风"是指一件事情逐渐发展盛行，形成一种良好风气。因此，例句中"风气"与"蔚然成风"二词重复，应将"的风气"删除。

5. 美国某环境研究所的一份报告说，第三世界受农药污染极为严重，每年发生37.5万起农药中毒事件。

解析："每年"泛指每一年，显然不是报告本要表达的。此处外延不明，因此需要限制，以明确时间段。

6. 我国历来有正月初一吃饺子的风俗习惯。

解析：正月初一吃饺子仅是我国北方地区的风俗，因此，例子中的"我国"要限制为"我国北方"。

二、明确概念的种类

1. 改革是《邓小平文选》第三卷中使用频率最高的词汇，共有 464 处。

解析："词汇"是集合名词，指由若干语词构成的语词整体，表达了集合概念，不能用于指集合整体中的个体成员。因此，应该将"词汇"改为"语词"。另外，句中"改革"一词指语词自身，应添加引号。

2. 在我国现代散文的灿烂星空中，独树一帜的"冰心体"散文，是一颗美丽而明亮的星座。

解析：此处"星座"也是集合名词，指由若干星体构成的整体，不能用于指其中的单个星体。因此，应该将"星座"改为"星"。

3. 有5名日本侵华时期被抓到日本的原中国劳工起诉日本一家公司，

要求赔偿损失。2007年日本最高法院在终审判决中声称，根据《中日联合声明》所言，"中华人民共和国政府宣布：为了中日人民的友好，放弃对日本国的战争赔偿要求"。中国人的个人索赔权已被放弃，因此驳回中国劳工的诉讼请求。

解析：《中日联合声明》是中华人民共和国政府代表中国人民集合体宣布放弃对日本国的战争赔偿要求，但这并不能推出中国公民个人也放弃赔偿的要求。日本最高法院混淆了集合体的性质与构成集合体的个体性质。

三、概念并列要恰当

1. 现在支付手段越来越电子化了，购物、乘车越来越多地采用微信、支付宝等方式，但是完全采用电子方式支付并不合理，因为许多退休的老年人和高龄老人不会使用电子支付方式。

解析："老年人"和"高龄老人"这两个概念为属种关系，例句将它们并列不恰当。可以将"和"改为"特别是"。

2. 邓小平对社会主义新人提出了"有革命理想和科学态度、有高尚情操和创造能力、有宽阔眼界和求实精神的崭新面貌"的要求。"三有""三和"的要求也是对"社会主义新人"的科学诠释。

解析："三有"下每个"有"包含了一个"和"，将"三和"同"三有"并列显然不当，应该将"三和"删除。

3. 太极拳动作缓而柔，特别适合老人和病人练习。

解析："老人"和"病人"是两个具有交叉关系的概念，将之并列不当，应该将"和"改为"或"。

4. 这支石油勘探队的足迹遍布西北，新疆、塔里木、甘肃、宁夏、延安等都留下了队员的身影。

解析：新疆、甘肃、宁夏属于省级行政区和民族自治区，而延安属地级行政区。塔里木一般指位于新疆的塔里木盆地，它是我国最大的内陆盆地。另外，新疆有塔里木乡。例句中将这些概念并列，不恰当。

四、明确概念的论域

1. 有一种说法，血型为O的人比大多数人更不易感染新冠肺炎。

解析：例句中没有确认是什么范围中的大多数人，是指所有人群还是不易感染新冠肺炎者？如果是前者，大多数人其实就是指其他血型者；如果是后者，应明确地指出。

2. 据英国《自然》杂志报道，一个英国天文学家小组发现了宇宙中最亮的一个天体。据称，这个天体也是宇宙中最遥远的天体之一。

解析："最亮的""最遥远的"应该是就目前为止所发现的所有天体而言的，应该明确这一论域，限制所指范围。

第三章

审慎判断

第一节　什么是判断

一、判断是对对象有所断定的思维形式

较简单的判断就是主谓式的陈述句所表达的。例如：

（1）实践是检验真理的唯一标准。

（2）真理不是一成不变的。

这两个句子都表达了判断，断定了主语所指事物具有或不具有某种性质。判断有所断定，都有真假。陈述句表达判断，反问句也被视为间接地表达了判断，例如，难道海水不是咸的吗？但一般疑问句只表达了疑问，例如，人的正确思想是从哪里来的？祈使句表达了请求，例如，请打开窗户。后两种句子都无所断定，也就没有真假。

判断与语句不是一一对应的。一方面，同一判断可以由不同语句表达。例如，"无人不知"与"所有人都知晓"表达了相同的判断。另一方面，同一语句可以表达两种判断。这是由于有的语句有歧义，有不止一种理解。例如，学校领导对他的批评是有充分思想准备的。"对他的批评"可以理解为学校领导批评他，也可以理解为他批评学校领导。这是由于表述不清晰造成的。

逻辑学，尤其是传统逻辑，一般将表达判断的语句称为命题。所以，命题都有真假。真假在逻辑上统称为真值。通常人们都坚持任何一个命题有且仅有一个真值：真命题的真值为真，假命题的真值为假。

二、联结词、原子命题和复合命题

原子命题是不包含和自身不同命题的命题。而任何一个复合命题总是由两部分构成：联结词和联结词所联结的成分。所联结的成分必须是命题。因此，联结词又称为命题联结词；其所联结的命题称为支命题。联结词属于逻辑常项；支命题属于变项，叫命题变项。我们一般使用 p、q、r 等字母表示命题变项。复合命题的形式结构类型是由联结词决定的。例如，以下三个句子：

（1）小张下午喝了一杯咖啡。

（2）小张晚上失眠了。

（3）小张下午喝了一杯咖啡并且他晚上失眠了。

其中，（1）与（2）是原子命题；（3）是复合命题。（1）与（2）是（3）的支命题，"并且"是它的联结词。如果在它的支命题所处的位置分别代入"北京是中华人民共和国的首都""它的历史有三千多年"，得到复合命题：

北京是中华人民共和国的首都并且它的历史有三千多年。

这个句子的形式结构与（3）的是相同的。它与（3）属同一种复合命题。

由（1）与（2）还可以构成下列复合命题：

（4）因为小张下午喝了一杯咖啡，所以他晚上失眠了。

（3）与（4）是两种不同类型的复合命题。（3）的真值由且仅由其支命题的真值决定。当（1）与（2）都为真时，（3）为真，但（4）可能为真，也可能为假。为判定（4）的真值，除了需要知道支命题真值外，我们还需要知道其他因素。我们称构成（4）这种复合命题的联结词为非真值联结词。这类联结词的特点是：使用它们所得到的复合命题的真值不是仅由支命题的真值决定的。像"并且"这种联结词叫真值联结词，其特点是，由它们构成的复合命题的真值唯一由支命题的真值决定。以下除非特别指出，否则，"联结词"均指真值联结词，复合命题均指由真值联结词联结所得到的。

要注意，作为复合命题的支命题未必是原子命题。例如：

（5）（小张下午喝了一杯咖啡并且他晚上失眠了），但是，他第二天上班并没有迟到。

句子"小张下午喝了一杯咖啡并且他晚上失眠了"和"他第二天上班并没有迟到"都是（5）的支命题，二者本身都是由一个联结词和支命题构成的复合命题。

我们要求命题是有穷长的。据此，即使作为支命题的命题本身是复合命题，但继续分析支命题的构成，最终将抵达不再含有支命题为其构成成分的原子命题。因此，根据真值联结词的定义，如果一个复合命题中的联结词都是真值联结词，那么一旦其中所包含的原子命题的真值确定了，该复合命题的真值就确定了。

有些推理的有效性仅依赖于命题联结词。命题逻辑就是通过研究命题联结词的逻辑特性研究命题推理有效性。

问题与思考：

在以下陈述中，哪些是原子命题？哪些是复合命题？

（1）小李是教师。

（2）小李不是教师。

（3）并非小李是教师。

（4）小赵知道小李是教师。

（5）小李是教师并且是教导主任。

（6）如果小李是教师，则他是成年人。

（7）小李不是教师，或者是成年人。

（8）所有教师都是成年人。

（9）有的教师不是青年人。

（10）所有教师都是中年人，或者是青年人。

（11）所有教师都是中年人，或者所有医生都是青年人。

（12）在一平面内，一动点围绕一定点做等距离运动而形成的封闭曲线叫作圆。

（13）任一大于或等于4的偶数都可以表示为两个素数之和。

解析：

在上述命题中，命题（1）、（2）、（8）、（9）、（10）、（12）和（13）是原子命题；命题（3）、（4）、（5）、（6）、（7）和（11）是复合命题。

命题（2）和（3）有相同的含义，但具有不同的形式：前者是原子命题，后者是复合命题。对于概念A和B，一般地，

"A不是B" ≠ 并非 "A是B"

如果A是普遍概念，则 "A是（不是）B"，可以表达为 "所有A都是（不是）B"，而且

并非 "A是B"

= 并非 "所有A都是B"

= "有的A不是B"

≠ "所有A都不是B"（"A不是B"）

如果A是由摹状词表达的空概念，不妨记该摹状词为a，则也有

"a不是B" ≠ 并非 "a是B"

例如，"当今法国国王不是秃子" ≠ 并非 "当今法国国王是秃子"。这个不等式左边的句子有歧义。由于摹状词与否定系词 "不是" 之间的关

系不清楚，有的情况它表达了一个假命题，有的情况表达了真命题，而右边句子所表达的是真命题。①

只有当A是单独概念时，"A是B"和"A不是B"互相矛盾，因而有："A不是B"=并非"A是B"。

命题（4）包含支命题"小李是教师"，其联结词可以视为"小赵知道"。当然，它是一个非真值联结词，用其联结一个命题所得到的复合命题 [如（4）] 的真值不能由所联结的命题的真值唯一确定。例如，假设"小李是教师"真，而"小赵知道小李是教师"可能真，也可能假。

命题（4）这样的命题称为模态命题。模态命题和其支命题的真值关系，要比复合命题复杂得多。

命题（10）不同于命题（11）。虽然两个命题都含有联结词"或者"，但命题（11）是复合命题，而命题（10）是原子命题。因为命题（11）包含两个支命题，而命题（10）不包含支命题。这说明，包含联结词的命题，不一定是复合命题。

命题（12）和命题（13）的语言表达很复杂，但都是原子命题，因为从中均不能分析出支命题。

为分析复合命题的逻辑含义，我们要将其形式结构显示出来。方法是，以命题变元代入其中的原子命题。在代入过程中要求以同一命题变元代入相同的原子命题，不同的命题变元代入不同的命题。

问题与思考：

以下是一个公司的总经理和董事长的意见，这两种意见的形式结构分别是什么？

总经理：根据本公司目前的实力，我主张环岛绿地和宏达小区这两项

---

① Russell. "On denoting", *Mind, New Series.* Vol. 14, No. 56, 12, 1905, pp.479-493.

工程至少上马一个，但清河桥改造工程不能上马。

董事长：我不同意。

解析：令：p表示"环岛绿地工程上马"；q表示"宏达小区工程上马"；r表示"清河桥改造工程上马"。

则总经理的意见是：（p或者q）并且（非r）。

董事长的意见是：并非[（p或者q）并且（非r）]。

第二节 原子命题解析

传统逻辑将原子命题处理成主谓式语句。

一、直言命题及其种类

直言命题是断定对象具有或不具有某种性质的命题，亦称性质命题。例如：

（1）所有哺乳动物是脊椎动物。

（2）有自然现象不是科学能够解释的。

传统逻辑将直言命题分析成主项、谓项、联项和量项四要素。

主项表示所断定的对象。如例（1）、（2）中的"哺乳动物""自然现象"。

谓项表示所断定的性质。如例（1）、（2）中的"脊椎动物""科学能够解释的"。

主项和谓项统称词项。通常用大写字母S、P等表示词项。

联项表示主项和谓项肯定或否定的联系。表示肯定的联项，称为肯定联项，一般用"是"表示。表示否定的联项，称为否定联项，一般用"不是"表示。

联项刻画直言命题的质。直言命题的质，指它是肯定命题或否定命题。如例（1）是肯定命题，例（2）是否定命题。肯定联项可省略。

量项表示主项外延被断定的情况，有全称和特称两种类型。全称量项一般用"所有""任一"等表示。表示特称量项的语词有"有""有的""大多数"等。在直言命题中，全称量项表示主项外延的全部分子具有命题所断定的性质，特称量项表示主项外延中存在分子具有命题所断定的性质。具有全称量项的直言命题叫全称命题。具有特称量项的叫特称命题。

量项刻画直言命题的量。直言命题的量，指它是全称或特称命题。如例（1）是全称命题，例（2）是特称命题。

量项和联项是逻辑常项，主项和谓项是逻辑变项。根据逻辑常项的不同，对直言命题作如下划分。

直言命题按质分为肯定和否定命题，按量分为全称和特称命题。结合质与量两个方面，可将直言命题分为以下四种：

全称肯定命题，其标准形式为：所有S是P，简记为SAP，简称A命题。

全称否定命题，其标准形式为：所有S不是P，简记为SEP，简称E命题。

特称肯定命题，其标准形式为：有S是P，简记为SIP，简称I命题。

特称否定命题，其标准形式为：有S不是P，简记为SOP，简称O命题。

需要说明：

第一，主项为单独概念的直言命题，称为单称命题。例如：

（1）鲁迅是中国文化革命的主将。

（2）多瑙河不是欧洲最长的河流。

以上分别是单称肯定命题和单称否定命题。单称命题中不出现量词。由于单称命题的主项是单独概念，单称命题和全称命题一样，都断定了主项的全部外延。因此，在这个意义上，除非特别说明，单称命题可视为全称命题（A或E）。

第二，逻辑上的特称量项"有"和日常语言中的"有"，含义不完全相同。在日常语言中，当断定"有S是P"的时候，通常还包含着"有S不是P"的含义。但是，逻辑上的特称量项"有"，并不包含这一含义。逻辑上的特称命题"有S是P"，断定至少存在一个S是P，至于存在多少，并没有确切地断定，从少至一个，多至全体，都有可能。所以，特称命题也叫作存在命题。

第三，传统逻辑所讨论的情况都预设了主项存在，即直言命题的主项都不指空概念。

二、直言命题的规范化

以自然语言表达的直言命题通常都不是标准规范的四种结构形式。例如：

（1）英烈岂容诋毁？

（2）难道这些想法是凭空冒出来的？

（3）不少感染病例去过这家超市。

（4）鸟不都会飞。

这些直言命题，有的省略了量项或联项，有的不规范地使用了量项或联项。对它们做逻辑分析需要根据原义，把它们整理成规范形式：

命题（1）可以整理为"所有英烈是不容诋毁的"，是A命题。

命题（2）可以整理为"这些想法不是凭空冒出来的"，是E命题。

命题（3）可以整理为"有感染病例是去过这家超市的"，是I命题。

命题（4）可以整理为"有的鸟不是会飞的"，是O命题。

规范化直言命题需注意两点：

第一，不改变命题的意义。例如，如果把命题（4）整理成"有些鸟是会飞的"，就改变了原义。

第二，可以整理成不同的规范形式。例如，"教师不都是党员"，可以整理成"有教师不是党员"，是O命题；也可以整理成"有教师是非党员"，是I命题。当然，作为O命题，其谓项是"党员"；作为I命题，其谓项是"非党员"。

三、直言命题中词项的周延性

直言命题中一词项的周延性是指该词的全部外延是否被该直言命题断定。如果是，则称词项在其中是周延的；否则，就是不周延的。例如，在"所有亚洲国家都是发达国家"这一直言命题中，"亚洲国家"的全部外延都得到断定，因而是周延的；"发达国家"的全部外延并没有得到断定，因而是不周延的。

判定一个词项在一直言命题中是否周延，依据的不是词项间外延关系事实如何，而是所处的直言命题的形式类型。具体地说，依据以下准则：

全称命题主项周延；

特称命题主项不周延；

肯定命题谓项不周延；

否定命题谓项周延。

可以综合成表2：

表2

命题类型	主项	谓项
A	周延	不周延
E	周延	周延
I	不周延	不周延
O	不周延	周延

四、同一素材直言命题间的真假关系

同一素材直言命题是指主谓项分别对应相同的直言命题。例如：

（1）所有天鹅是白的。

（2）所有天鹅不是白的。

（3）有天鹅是白的。

（4）有天鹅不是白的。

这四个直言命题是同一素材，而"有天鹅是黑的"与上述四个直言命题不是同一素材，因为其谓项与上述四个的谓项不同。

同一素材的四种直言命题之间有如下四种关系（统称对当关系）：

1. 反对关系。存在于A、E之间：A与E不可同真，可以同假。

2. 从属关系（也叫差等关系）。存在于A、I之间：如果A真，则I真；而A假，则I真假不确定。存在E、O之间：如果E真，则O真；如果E假，则O真假不确定。

3. 矛盾关系。存在于A、O之间：A与O不可同真，也不可同假；存在于E、I之间：E与I不可同真，也不可同假。

4. 下反对关系。存在于I、O之间：I与O可以同真，不可同假。

传统上人们将对当关系综合在一个正方形中，如图9所示。此图称为逻辑方阵。

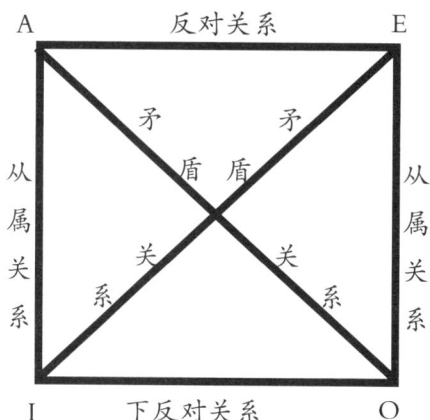

图9

有两点需要注意：

1. 传统逻辑一般都预设了主项非空（主项所断定的对象是存在的）。按现代逻辑，当主项表达空概念时，除矛盾关系外，其他几种对当关系都不再成立。如"所有永动机是昂贵的"和"所有永动机不是昂贵的"都为真，"有永动机是昂贵的"和"有永动机不是昂贵的"都为假。

2. 在对当关系中，单称命题不能作全称命题处理。单称肯定命题和单称否定命题是矛盾关系。如果把它们分别处理为全称肯定命题和全称否定命题，就成为反对关系。

下面的六角阵图形（图10），可用来刻画六种命题间的真假关系：SAP、SEP、s是P、s不是P、SIP和SOP。这里，"s是P"和"s不是P"，分别是单称

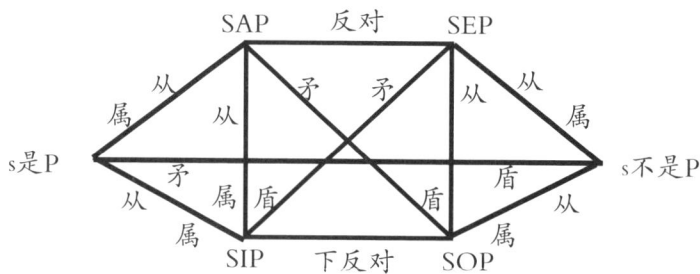

图10

肯定命题和单称否定命题，其中"s"表示概念S外延中的一个确定分子。

图10说明，除了原有的对当关系外，以下各关系成立：

（1）单称肯定和单称否定命题是矛盾关系。

（2）从属关系在以下命题间成立：

全称肯定命题和单称肯定命题之间；

单称肯定命题和特称肯定命题之间；

全称否定命题和单称否定命题之间；

单称否定命题和特称否定命题之间。

问题与思考：

违法必究，但几乎看不到违反道德的行为受到惩治，如果这成为一种常规，那么，民众就会失去道德约束。道德失控对社会稳定的威胁并不亚于法律失控。因此，为了维护社会的稳定，任何违反道德的行为都不能不受惩治。

以下哪项对上述论证的评价最为恰当？

A. 上述论证是成立的。

B. 上述论证有漏洞，它忽略了：由违法必究，推不出缺德必究。

C. 上述论证有漏洞，它忽略了：由否定"违反道德的行为都不受惩治"，推不出肯定"违反道德的行为都要受惩治"。

D. 上述论证有漏洞，它夸大了违反道德行为的社会危害性。

E. 上述论证有漏洞，它忽略了有些违法行为并未受到追究。

解析：答案是C。

据对当关系，题干①由否定"违反道德的行为都不受惩治"，只能得出

---

① 题干是指选择题中用陈述句或疑问句创设出解题情景和思路。选择题一般由题干和备选项两部分组成。而备选项是指与题干有直接关系的备选答案，分为正确项和干扰项。

结论"有些违反道德的行为要受惩治",不能得出结论"违反道德的行为都要受惩治"。事实上,第一个结论是合理的,第二个结论是不合理的。

第三节 复合命题解析

由上一节我们知道,复合命题由联结词和支命题构成,而联结词有两类:真值联结词和非真值联结词。本节先研究真值联结词构成的复合命题,然后再讨论一类非真值联结词。

一、复合命题的基本类型

复合命题有负命题、联言命题、选言命题、假言命题四种基本类型。

1. 负命题

负命题否定一个命题,断定其所否定的命题为假。形式为"并非p",也常简称为"非p"。"并非"为联结词,叫否定词,支命题p叫否定支。现代逻辑以符号¬表示否定词,作为对否定词的进一步逻辑抽象,其表示如下真值特性:否定支为真时,负命题为假;否定支为假时,负命题为真。

一般通过表3展示上述特点:

表3

p	$\neg p$
真	假
假	真

负命题充分展示出真值联结词只关注真值的特性,本质上可以将其视

为函数，现代逻辑称其为真值函数或真值函项。

这种表格叫真值表。

2. 联言命题

联言命题断定支命题都真。其形式为"p并且q"。"并且"是逻辑常项，支命题p与q称为联言支。在日常语言中，表达联言命题的形式还有"不但p，而且q"，"既p又q"，"虽然p，但是q"，"不仅p，也q"，等等。有的表达式，如"路遥知马力，日久见人心""知无不言，言无不尽"等，省略了联结词，但也表达了联言命题。现代逻辑以符号$\wedge$表示"并且"，联言命题的形式就成为：$p \wedge q$，叫合取式，读作"p合取q"，支命题p与q也叫合取支。合取符号$\wedge$是对"并且"的进一步逻辑抽象，舍弃了"并且""不但……，而且……""虽然……，但是……"等自然语言在真值以外其他方面的含义，例如递进、转折等，仅保留真值方面的共同特征：断定其所联结的语句都为真。合取式的真值表如表4：

表4

p	q	$p \wedge q$
真	真	真
真	假	假
假	真	假
假	假	假

联言命题在所有支命题为真这唯一一种情况下为真，在其他情况下都为假。日常语言中，多次使用"并且"可以得到含有三个或更多支命题的联言命题，但仍具有以上特征。

3. 选言命题

选言命题断定至少有一个支命题真。其支命题叫作选言支。选言命题分为相容选言命题和不相容选言命题。

相容选言命题断定支命题至少有一真，也可以都真。形式是"p或者q"。不相容选言命题断定至少一个支命题真，同时至多一个支命题真，即恰好一个支命题真。形式是"要么p，要么q"。

日常语言"或者……，或者……"有歧义：有时表示相容，有时表示不相容。例如：

（1）小张现在或者在南京，或者在上海。

（2）小张今天或者去南京，或者去上海。

根据语句含义，（1）只能是不相容的，而（2）可以是相容的。想要确定（2）是相容的还是不相容的，还需要根据上下文或说话者的意图等其他因素。有时也可以通过附加条件明示，如：

（3）小张今天或者去南京，或者去上海，但不会都去。

这就明确了所表达的是不相容。

另外，也可以直接选择不同的联结词表示不相容选言。例如，"要么……，要么……"，就表达二者中有一个且仅有一个成立。将（2）中的"或者"改为"要么"，成为：

（4）小张今天要么去南京，要么去上海。

（4）与（3）的意思是一样的。

也就是："要么p，要么q"和"或者p，或者q，但并非（p且q）"的含义相同。

现代逻辑以符号∨表示相容的"或者"，选言命题的形式就成为：$p \lor q$，叫析取式，读作"p析取q"，支命题p与q也叫析取支。析取符号∨也是对"或者"的进一步逻辑抽象，仅保留真值方面的特征：断定其所联结的语句至少有一个为真。析取式的真值表如表5：

表5

p	q	$p \vee q$
真	真	真
真	假	真
假	真	真
假	假	假

选言命题在所有支命题为假这唯一一种情况下为假，在其他情况下都为真。日常语言中，多次使用"或者"可以得到含有三个或更多支命题的选言命题，但仍具有以上特征。

4.假言命题

假言命题是断定两个命题之间条件关系的命题，其中表示条件的命题称为前件，表示依赖条件而成立的命题称为后件。

事物之间的条件关系包括充分条件关系和必要条件关系。

X是Y的充分条件指：有X则有Y。

X是Y的必要条件指：无X则无Y。

因此，从充分与必要两种条件关系考虑，事物之间的关系有四种：充分不必要；必要不充分；既充分又必要；既不充分又不必要。

例如："天下雨"是"地上湿"的充分条件，但不是必要条件。"小于10"是"小于1"的必要条件，但不是充分条件。"是等边三角形"是"是等角三角形"的既充分又必要条件。既充分又必要条件这种条件关系也简称为充要条件。"感染新冠病毒"既不是"咳嗽"的充分条件，也不是"咳嗽"的必要条件。

在充分条件与必要条件之间有如下关系：当X是Y的充分条件时，Y就是X的必要条件；反之，当X是Y的必要条件时，Y就是X的充分条件。

问题与思考：

基于相关常识，确定下列各题中X和Y的关系：

（1）令X表示"天下雨"，Y表示"地上湿"。（为避免歧义，相关范围限定为天安门广场）

（2）令a表示任一中国人，X表示"a年满18周岁"，Y表示"a有选举权"。

（3）令a表示一平面上的任一三角形，X表示"a的三条边相等"，Y表示"a的三内角相等"。

（4）令a表示任一成年中国人，X表示"a违法"，Y表示"a犯罪"。

（5）令a表示任一成年人，X表示"a吸烟"，Y表示"a患肺癌"。

（6）一批运动员中，一部分人经过了尿检，另一部分没有。已知的事实是：所有尿检结果均是阴性，即检验者未服用兴奋剂。令a表示其中的任一运动员，X表示"a经过尿检"，Y表示"a未服用兴奋剂"。

A．X是Y的充分条件，但不是必要条件（充分不必要）。

B．X是Y的必要条件，但不是充分条件（必要不充分）。

C．X是Y的充分必要条件。

D．X是Y的充分条件，但不能确定X是否为Y的必要条件。

E．X是Y的必要条件，但不能确定X是否为Y的充分条件。

F．不具有条件关系。

解析：（1）答案为A。在天安门广场，不可能天下雨，但地上不湿，即充分；但可能天不下雨，但地上湿，例如，是洒水车，即不必要。

（2）答案为B。根据中国法律，只有年满18周岁者才有选举权，这表明前者是后者的必要条件，但那些被剥夺政治权利者，即使他们年满18周岁，也没有选举权。因此，前者不是后者充分条件。

（3）答案为C。根据平面几何知识，一个三角形，其三条边相等当且仅当其三个角相等。

（4）答案为B。犯罪都属于违法；但是，有的违法行为只是违反了民法或者行政法规，不属于犯罪。

（5）有人吸烟但不患肺癌，因此，不充分；有人不吸烟但患肺癌，因此，不必要。

（6）答案为D。因为所有尿检结果均为阴性，因此，经过尿检者都未服用兴奋剂，即前者是后者的充分条件。但是，并不能确保那些没有经过尿检的运动员都未服用兴奋剂，因此不能确定前者是后者的必要条件。

4.1 充分条件假言命题

充分条件假言命题是断定前件为后件的充分条件的假言命题，其形式一般表示为：如果 p，那么 q。日常语言中，表达充分条件假言命题的句式还有：只要 p，就 q；一旦 p，就 q；若 p，则 q；当 p 时，就 q；等等。它们都断定了 p 是 q 的充分条件。

例如：

少年富则国富，少年强则国强，少年独立则国独立。

它表达了"我国少年富裕"是"我国富裕"的充分条件，"我国少年强大"是"我国强大"的充分条件，"我国少年独立"是"我国独立"的充分条件。

有时需要凭借内容判断。例如以下两句：

泥鳅跳，雨来到，泥鳅静，天气晴。

道高一尺，魔高一丈。

它们都表达了前者是各自后者的充分条件。

现代逻辑以符号→表示对"如果……，那么……"的进一步抽象。充分条件假言命题的形式为：$p \rightarrow q$，称为蕴涵式，读作"p 蕴涵 q"。蕴涵符号→舍弃了前件与后件在内容意义方面的联系，而只保留了二者在真值方面的特征：在前件、后件真假组合的四种情况中，排除前件真而后件假这一情况。用真值表显示如表6：

表6

p	q	$p \rightarrow q$
真	真	真
真	假	假
假	真	真
假	假	真

此蕴涵仅考虑真值，也被称为实质蕴涵。但是不顾及内容，用联结词联结语句会出现反直觉的情形。例如：

如果2+2=4，那么雪是白的。

该语句前半句与后半句内容上没有关联，从语言学看，它为病句。但是，从真值方面考虑，前后两个子句都是真的，属于真值表所列情形的第一种，因而从实质蕴涵看，作为蕴涵式，它是真的。

4.2 必要条件假言命题

必要条件假言命题是断定前件为后件的必要条件的假言命题。例如：

他只有年满18周岁了，才拥有选举权。

该条件句断定"他年满18周岁"是"他拥有选举权"的必要条件。

其一般形式为：只有 p ，才 q 。 p 为前件， q 为后件。

日常语言中，表达必要条件关系的句式还有：没有 p ，就没有 q ；没有 p ，就不 q ；不 p ，就不 q ；不 p ，就没有 q ；等等。它们都断定了 p 是 q 的必要条件。

例如：

你没有取得机动车驾驶证，就没有资格驾驶机动车上路行驶。

它断定"你取得机动车驾驶证"是"你有资格驾驶机动车上路行驶"的必要条件。

人们有时也用"←"表示对联结词"只有……，才……"的进一步逻辑抽象。"←"读作"逆蕴涵"。"只有p，才q"就可表示为"p←q"。根据充分与必要二者之间的转换关系，可得到q为p的充分条件。现代逻辑通常将其转换为"q→p"。必要条件假言命题的真值表如表7：

表7

p	q	p ← q
真	真	真
真	假	真
假	真	假
假	假	真

4.3 充要条件假言命题

充要条件假言命题是断定前件是后件的充要条件的假言命题。例如：

当且仅当这个三角形的三条边相等，它的三个角才相等。

该条件句断定"这个三角形的三条边相等"是"它的三个角相等"的充要条件。

充要条件假言命题的一般形式是：当且仅当p，（才）q（也可写作：p当且仅当q）。其中，"当且仅当"是联结词，p是前件，q是后件。现代逻辑以"↔"表示对联结词"当且仅当"的进一步逻辑抽象。"↔"读作"等值"，"p↔q"叫作等值式，读作"p等值q"。

充要条件假言命题的真值表如表8：

表8

p	q	p↔q
真	真	真
真	假	假
假	真	假
假	假	真

根据"X是Y的充分条件"与"Y是X的必要条件"二者等价，而充要条件是指既充分又必要，因此，可以用充分条件及其相关原理来表达处理

三种条件关系。例如："不p，则不q"可表示为：q→p。充要条件"p当且仅当q"可表示为：（p→q）∧（q→p）。

日常语言对条件关系的陈述比较灵活，例如，以下两种表达方式也表达了p为q的必要条件：

q，必须 p；

除非 p，否则不q。

它们均可表示为"q→p"

在下一章讨论推理时，笔者还会详细分析涉及条件的表达与推理。

二、模态命题简述

前面提到，"必然""可能"这类模态词是非真值联结词。人们一般称由它们联结而得到的命题为模态命题。广义上的模态词还包括"应当""允许""相信""知道"等。此处仅讨论"必然"与"可能"，这类模态词，称为真势模态词，反映事物情况存在的必然性和可能性。例如，"吸烟可能导致肺癌"，"阻断传播链必然会有效遏制疫情蔓延"。真势模态可进一步区分不同的种类，有逻辑与数学上的，如"5+2=7是必然的"；有物理上的，如"物体受到摩擦必然生热"；有生物上的，如"人类不可能举起超过自身体重10倍的重量"；等等。逻辑研究一般都忽略这些差别而将其作统一处理。

传统逻辑从肯定与否定、必然与可能组合的角度将模态命题分为四种：必然肯定命题、必然否定命题、可能肯定命题及可能否定命题。

1.必然肯定命题

必然肯定命题是断定事物情况必然存在的命题。例如，"愚昧者必然挨打"。其逻辑形式为：必然p。现代逻辑一般用方框符号□表示"必然"，将必然肯定命题表示为□p。

2. 必然否定命题

必然否定命题是断定事物情况必然不存在的命题。例如，"罪犯必然不具有选举权"。其逻辑形式为：必然非 p。现代逻辑也将其表示为 $\Box \neg p$。

3. 可能肯定命题

可能肯定命题是断定事物情况可能存在的命题。例如，"火星上可能有生命"。其逻辑形式为：可能 p。现代逻辑一般用方框符号 $\Diamond$ 表示"可能"，将可能肯定命题表示为 $\Diamond p$。

4. 可能否定命题

可能否定命题是断定事物情况可能不存在的命题。例如，"UFO可能不是外星人所为"。其逻辑形式为：可能非 p。现代逻辑将可能否定命题表示为 $\Diamond \neg p$。

类似对直言命题的处理，我们称 $\Box p$、$\Box \neg p$、$\Diamond p$ 及 $\Diamond \neg p$ 为同一素材的模态命题。它们之间也存在完全类似于同一素材的四种直言命题之间的对当关系，如图11所示：

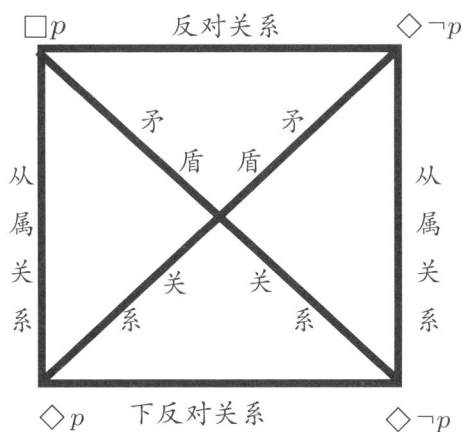

图11

其中的四种关系与直言命题中的对当方阵相同。例如，$\Box p$ 与 $\Box \neg p$ 之间具有反对关系，即一者为真另一者为假，一者为假另一者真假不能确定。

第四节 避免判断失误

我们说话、写文章、与人交流沟通，使用概念做判断是最常用的方式。为使得判断恰当，避免失误，一方面要熟悉判断所针对的具体主题，另一方面要熟悉把握判断这种思维形式的原理与特征，遵守相应的准则与要求。最基本的要求就是，保持思维的确定性与协调性，不能含糊不清，模棱两可，也不能自相矛盾。这些正是以下三条逻辑基本规律的要求。

一、同一律

同一律的内容是：在同一思维过程中，每一思想与其自身同一。也就是每一概念、命题、论点（亦称论题）等思维形式或思维所预设的语境，都保持一致、一贯、有确定内容。

同一语词，在不同语境下可能会表达不同的概念，有不同的内涵；同一语词的同一使用者，在不同语境下也可以分别令其表达不同的概念，赋予其不同的内涵。但是，同一律要求，在正确思维的同一过程中，每一概念的内涵必须保持同一，即保持不变。违反这一要求的谬误，称为混淆概念或偷换概念。

偷换概念，专指有意识地混淆概念。一般地，为了论辩的目的，有意识地违背逻辑规律的要求，称为诡辩。偷换概念是一种诡辩。论辩和科学论证不同，后者的目标是求真，前者的目标是求胜。诡辩是一种论辩技巧。

论点是一个论证所要证明的结论。同一律要求，在同一论证中，论点必须保持同一。违反这一要求的谬误，称为转移论题或偷换论题。转移论题是日常思维及其表达，包括写作、演讲、论辩中常见的谬误，也是一种常用的论辩技巧。

任何思想及其表达有确定的语境。同一律要求在对某种思想进行评价时必须保持相关语境的同一。违反这一要求的谬误，称为混淆或偷换语境。

同一律要求在同一思维过程中保持思维的确定性。背离了此种确定性，思维的所谓不确定性实际上是思维的混乱。

问题与思考：

张先生买了块新手表。他把新手表与家中的挂钟对照，发现手表比挂钟一天慢了三分钟；后来他又把家中的挂钟与电台的标准时对照，发现挂钟比电台标准时一天快了三分钟。张先生因此推断：他的表是准确的。

试分析张先生推断中存在的漏洞。

解析：题干中提及的两个"三分钟"不是同一概念。后一个"三分钟"是与标准时间相对照的，是三分钟。因此，挂钟是不准确的。前一个"三分钟"是与不准确的挂钟相对照的结果，因而实际上并非三分钟；张先生的推断犯了"混淆概念"的错误。

问题与思考：

张教授：如果没有爱迪生，人类还将生活在黑暗中。理解这样的评价，不需要任何想象力。爱迪生的发明，改变了人类的生存方式。但是，他只在学校中受过几个月的正式教育。因此，接受正式教育对于在技术发展中作出杰出贡献并不是必要的。

李研究员：你的看法完全错了。自爱迪生时代以来，技术的发展日新月异。在当代，如果你想对技术发展作出杰出贡献，即使接受当时的正式教育，全面具备爱迪生时代的知识也是远远不够的。

试分析李研究员的反驳中存在的漏洞。

解析：不难发现，"技术发展"这个关键概念的内涵，在张教授的陈述和李研究员的反驳中不完全一致。李研究员的反驳，把张教授所说的一般意义上的技术发展，不当地限定为当代的技术发展。这样，即使李研究员的断定成立，也不能说明张教授的断定不成立。

问题与思考：

某游泳池规定，不带泳帽者不得进入泳池；没有深水合格证者不得进入深水池。小张被拒绝进入深水池。

小张："我有深水合格证，为什么不能进入深水池？"

管理员："您应该理解，严格执行游泳池的规定，最终是为了确保游泳者包括您的利益和安全。"

试分析上述对话中的漏洞。

解析：根据游泳池的规定，有深水合格证是进入深水池的必要条件，小张把它偷换为充分条件。管理员的应答作为断定并没有错，但并没有针对小张的问题，属转移论题。

问题与思考：

律师："孝"应当成为选拔或任命官员的标准。一个连自己父母都不孝顺的人，怎么可能为社会和公众尽职呢？

教授：我不同意你的观点。"孝"是私德，对于合格的官员来说，重要的是公德。在选拔官员时，不能偏重私德而忽视公德；按照你的观点，孔繁森离开八旬老母亲供职边疆，因而就不是一个合格的官员；孝子并不都适合当官。例如，我是一个孝子，但不适合当官。

试分析教授反驳中的逻辑漏洞。

解析：教授的反驳违反同一律。

第一，对"孝"作为标准的理解发生了偏离。律师认为"孝"应为选拔官员的标准，即使"孝"被理解为私德范畴，但律师只是认为要将"孝"作为标准，而且从他的反问句来看，标准是指必要条件，他并没有提及私德与公德哪个更重要。教授把主张选拔官员注重私德不注重公德的观点强加给对方。

第二，对于何为孝的理解有偏离。孝有多种表现形式，至少不能理解为守护在父母身边方能称为孝。因而，有理由认为，据律师所说的孝，不会得出因孔繁森离开八旬老母亲供职边疆，而得出孔繁森为不孝，进而推出其为不合格的官员。

第三，对孝与官员合格间的条件关系有偏离。律师认为，不孝就不能当个合格的官员；律师并没有断定，孝就能当个合格的官员。因此，律师的观点是，孝是官员合格的必要条件。教授把孝作为合格官员的必要条件，偷换成充分条件。教授的论据"我是一个孝子，但不适合当官"，驳斥的是"如果孝就适合当官"，不能驳斥"只有孝才适合当官"。

二、不矛盾律

不矛盾律的内容是：在同一思维过程中，两个互相矛盾或互相反对的思想，不能同时为真（其中矛盾的思想必有一假，反对的思想可以同假）。

两个命题互相矛盾，是指这两个命题不能同真，也不能同假。两个命题互相反对，是指这两个命题不能同真，但可以同假。在词项逻辑中，同一素材的四个直言命题中，全称肯定和特称否定、全称否定和特称肯定，是互相矛盾的。全称肯定和全称否定，是互相反对的。

主项、谓项相同，联项相反的两个单称命题（如"这是牛"和"这不是牛"），是互相矛盾的，不能同真，不能同假，必一真一假。主项和联项相同，谓项是反对概念的两个单称命题（如"这是牛"和"这是马"），是互相反对的，不能同真，可以同假。

不矛盾律要求，对两个互相矛盾或互相反对的命题不能同时肯定。违反这一要求出现的谬误，称为自相矛盾。

协调，就是不自相矛盾。不矛盾律要求思想的协调性，或称一致性。不矛盾律认定，自相矛盾的思想一定是一种谬误。

思想的不协调有三种形式：矛盾直陈、蕴涵矛盾或隐含矛盾。

矛盾直陈是指所陈述的思想直接包括自相矛盾的命题。蕴涵矛盾是指所陈述的思想虽然不包括直接自相矛盾的命题，但能推出矛盾。隐含矛盾是指所陈述的思想只有在很强的假设下才能避免推出矛盾。一个假设越强，是指该假设不成立的可能性越大。因此，隐含矛盾是指难以避免矛盾。

1. 矛盾直陈

问题与思考：

试分析以下陈述：

（1）打，从头打到底，打得观众都喘不过气来。但就没发现打出什么新花样。影片的编导意在用武打这根银针刺激观众的神经，却好怪，观众却楞没有一点针感。（摘自某报影评）

（2）选择，是读者神圣的权利。但如果不加比较作选择，是滥用了此种权利。（摘自某刊名人寄语）

（3）人间万苦人最苦。（摘自某电视剧主题歌）

（4）中国园林建筑始于汉唐宫室。（摘自某专著）

解析：（1）"打得观众都喘不过气来"和"观众却楞没有一点针感"自相矛盾。

（2）选择，必须比较。不加比较，何以选择？

（3）人间万苦，都是人之苦。"人间万苦人最苦"，等于说，人之苦中，人最苦；也等于说，人之苦中，有些不是人之苦。

（4）汉唐相距二百余年。始于唐就不能始于汉，始于汉就不能始于唐。

问题与思考：

自1990年到2005年，中国的男性超重比例从4%上升到15%，女性超重比例从11%上升到20%。同一时期，墨西哥的男性超重比例从35%上升到68%，女性超重比例从43%升到70%。由此可见，无论在中国还是在墨西哥，女性超重的增长速度都高于男性超重的增长速度。

以下哪项陈述最为准确地描述了上述论证的缺陷？

A. 某一类个体所具有的特征通常不是由这些个体所组成的群体的特征。

B. 中国与墨西哥两国在超重人口的起点上不具有可比性。

C. 论证中提供的论据与所得出的结论是不一致的。

D. 在使用统计数据时，忽视了基数、百分比和绝对值之间的相对变化。

解析：答案为C。

由题干可知，自1990年到2005年，中国男性超重比例上升了11个百分点，女性超重比例上升了9个百分点，即男性的增长速度高于女性。墨西哥男性超重比例上升了33个百分点，女性超重比例上升了27个百分点，同样是男性的增长速度高于女性。这和结论所作的断定不一致。C项正确地指明了这一点。

问题与思考：

按照我国城市当前水消费量来计算，如果每吨水增收5分钱的水费，则每年可增加25亿元收入。这显然是解决自来水公司年年亏损问题的好办法。这样做还可以减少消费者对水的需求，养成节约用水的良好习惯，从而保护我国非常短缺的水资源。

试分析以上陈述中的漏洞。

解析：当题干断定增收水费会增加收入，是假定水消费量不变；当题干断定增加水费可以减少消费者对水的需求，是假定水消费量因此会减少。这两个假定自相矛盾。

问题与思考：

万宝路香烟的醒目广告画面下都有一行特殊的广告文字："吸烟有害健康。"

假设这并非出自有关法规的强制要求，则以下哪项对上述事实的评价最不恰当？

A. 这说明万宝路烟草公司对自己的营销充满了自信。

B. 这说明万宝路香烟广告的设计者犯了自相矛盾的错误。

C. 这样的广告增加了公众对万宝路烟草公司及其产品的信任度。

D. 这说明万宝路烟草公司认为为了赚钱可以干有碍公众利益的事。

解析：答案为B。

不能分析出一个命题，题干的广告既肯定它，又否定它。因此，没有理由认为题干的广告自相矛盾。

2. 蕴涵矛盾

问题与思考：

试分析以下寓言故事：

中国古代楚国有个卖矛和盾的人，他说，我的矛能刺穿天下所有的盾；天下所有的矛都刺不穿我的盾。

有人问：用你的矛来刺你的盾，会怎样呢？

解析：这个楚人所作的两个断定，虽然不具有"A并且非A"这种直接自相矛盾的形式，但可推出两个互相矛盾的结论：

第一，我的矛能刺穿我的盾（因为我的矛能刺穿天下所有的盾）。

第二，我的矛不能刺穿我的盾（因为天下所有的矛都刺不穿我的盾）。

"自相矛盾"这一成语就出自这个寓言故事。

以上楚人的陈述蕴涵矛盾，比较明显，易于察觉。但有的陈述蕴涵矛盾并不明显，甚至很不明显。

问题与思考：

试分析以下陈述：

任一明确的属性都可唯一地确定一个集合。（明确的属性是指，对任一对象，要么具有此属性，要么不具有此属性。任一属性F，可唯一地确定一个集合S，是指：任一具有属性F的对象，都是S的元素；S的元素都具有属性F）

解析：以上陈述就是作为素朴集合论基础的概括原则。它的成立似乎非常直观。例如，"为交换而生产的劳动产品"这一性质唯一地确定"商品"这一集合；"有思想的动物"这一性质唯一地确定"人"这个集合；"不消耗能量的机器"这一性质唯一地确定"永动机"这个集合；等等。但这一原则蕴涵矛盾，是个不协调的陈述。

考虑这样一个性质：不以自身为元素。根据上述概括规则，这一性质可唯一地确定一个集合，记为S。S的元素是集合，这些集合不以自身为元素。例如"人"这个集合就是S的一个元素："人"这个集合自身不是人，它不以自身为元素。

现在的问题是：S是否以自身为元素？如果S以自身为元素，则S不以自身为元素，因为由定义可知，S的每个元素必须不以自身为元素；如果S不以自身为元素，则S以自身为元素，因为由定义可知，不以自身为元素的集合都是S的元素。矛盾！

这就是著名的罗素悖论。

问题与思考：

不存在能证明一切的理论。

上述断定：

A. 正确

B. 错误

解析：答案为B。

一个理论如果蕴涵矛盾，就是不协调的。一个不协调的理论的致命之处在于，它能合乎逻辑地证明一切。命题逻辑中有一个定理"（A∧¬A）→B"，意思是从矛盾的前提可以推出一切。因此，一个理论如果蕴涵矛盾，就能推出一切。这里所谓的"推出"，完全是一种合乎逻辑的推出，是一种"必然地得出"。

3. 隐含矛盾

问题与思考：

试分析以下断定：

在高等教育中，以道德教育为先，以能力培养为重。

解析：从以上断定可以推出：在高等教育中，道德教育是第一位的，但并不是最重要的。为使这一结论协调，必须假设，第一位的东西，可能并不是最重要的。这一假设，至少是很勉强的，很难设想如何把它说圆。因此，有理由认为，这一陈述隐含矛盾。

问题与思考：

试分析以下陈述：

一老者宣布分配其遗产必须同时遵守的四条要求：

第一，依法：足额缴纳遗产税。

第二，透明：相关方知晓所有细节。

第三，兼顾公私：遗产的半数捐助公益。

第四，长子说了算。

解析：以上陈述要避免矛盾，必须假设，长子不可能不执行前三条要求。否则，如果执行第四条要求，就可能无法同时执行前三条要求；如果同时执行前三条要求，就可能无法执行第四条要求。这一假设是很强的，因此，这四条要求很可能难以避免矛盾，因而是不协调的。

上述四条要求的逻辑结构是：行为主体必须是A；实施的行为必须符合B、C和D。这一结构不能保证协调，除非能证明主体A实施的行为不可能违背B、C和D。

问题与思考：

对于"民主集中制"，甲、乙两方都同意：第一，"民主"和"集中"是"民主集中制"的两个独立的不可互相取代的要素；第二，"民主"就是体现多数人的意愿。但关于"集中"，两方有不同的理解。

甲认为，集中，就是集中正确意见。

乙认为，何为正确，在决策的当下一般难以判定；何为集中正确意见，一般难以操作。因此，集中，不能解读为集中正确意见，而应该解读为集中多数人的意见。

试分析甲、乙两方的意见。

解析：甲、乙两种意见均有漏洞。

甲把集中解读为集中正确意见。依照这一解读，民主集中制就会隐含矛盾：为使民主集中制协调，必须假设，多数人的意见一定是正确的。否则，民主则不集中，集中则不民主。而多数人的意见一定正确，这一假设显然过强。

乙把集中解读为集中多数人的意见。依照这一解读，集中就等同于民主，与"民主和集中是民主集中制的两个独立的不可互相取代的要素"的认定矛盾。

三、排中律

排中律的内容是：在同一思维过程中，矛盾思想不能同假，必有一真。

排中律的要求是：对两个矛盾的命题，不能同时都否定，必须肯定其中之一。违反这一要求出现的谬误，称为不当两不可。

注意不矛盾律和排中律的一个重要区别：

对互相矛盾或互相反对的两个命题同时肯定违反不矛盾律，同时否定不一定违反排中律。只有对互相矛盾的命题同时否定违反排中律。对互相反对的命题同时否定不违反排中律。如"我不认为所有的人都自私，因为这是宣扬人不为己，天诛地灭；但我也不认为有人不自私，因为现实中找不到这样的人"，这违反排中律。但是，"我不认为所有的人都自私，我也不认为所有的人都不自私"，不违反排中律。

在日常思维中，要注意识别对排中律的误用。以下分类予以讨论。

1. 不当两不可

问题与思考：

这次预测只是一次例行的科学预测，这样的预测我们以前做过多次，既不能算成功，也不能算不成功。

以上陈述中的谬误，也出现在以下哪项中？

A. 这次关于物价问题的社会调查结果，既不能说完全反映了民意，也不能说一点也没有反映民意。

B. 这次考前辅导，既能不说完全成功，也不能说彻底失败。

C. 人有特异功能，既不是被事实证明的科学结论，也不是纯属欺诈的伪科学结论。

D. 在即将举行的大学生辩论赛中，我不认为我校代表队一定能进入前四名，我也不认为我校代表队可能进不了前四名。

解析：答案为D。

题干的谬误是不当两不可。诸选项都同时否定了两个命题，但只有D项否定的是两个互相矛盾的命题，属不当两不可。其余选项否定的两个命题互相反对，不违反排中律。

2. 非黑即白

在两个互相反对但不互相矛盾的断定中，要求必须做一选择，这样的谬误，称为"非黑即白"。如果A和B是矛盾关系，则"非A即B"成立；否则，"非A即B"不成立。"非黑即白"是误用排中律。

问题与思考：

你主张为了发展可以牺牲环境，还是主张宁可不发展也不能破坏环境？

上述提问中的不当也存在于以下各项中，除了

A. 你要社会主义的低速度，还是资本主义的高速度？

B. 你认为人都自私，还是认为人都不自私？

C. 你认为中国队必然夺冠，还是认为不可能夺冠？

D. 你认为"9·11"恐怖袭击必然发生，还是认为有可能避免？

解析：答案为D。

题干与A、B、C项的不当，都是在两个并不互相矛盾的断定中，要求必须做一选择。D项并无此种不当，因为必然发生和有可能避免二者互相矛盾，要求从中做一选择并无不当。

3. 不当预设

先讨论什么是预设。

根据排中律，互相矛盾的命题不同假，即对任意命题A，A和!A必然有一个成立。

问题与思考：

试以排中律分析以下两个命题：

（1）所有永动机造价都很高。

（2）有的永动机造价并不很高。

解析：（1）与（2）分别是全称肯定命题和特称否定命题，二者是矛盾关系。根据排中律，二者必有一真。（2）断定存在造价不高的永动机，是个假命题；由此命题（1）是个真命题。

根据现代逻辑的解析，"所有永动机造价都很高"的意思是：对任一对象，如果它是永动机，则其造价很高。"如果……，则……"这部分是条件句式。由于没有对象是永动机，即对任意对象，其前半部分都为假，因此，"如果……，则……"部分都为真，进而（1）为真。根据这种分析，不但（1）为真，和它意思相反的"所有永动机造价都不高"也同样为真。

在日常思维中，（1）与（2）这种断定都是一种不当，因为日常思维通常都预设其主项存在。

命题A是命题B的预设，是指如果A不成立，则在日常思维中接受B或并非B为真，都是一种不当。

例如，"所有永动机造价都很高"的预设是：存在永动机。如果这一预设不成立，则在日常思维中肯定这一命题或否定这一命题（肯定"有的永动机造价并不很高"）都不当。

预设，通常也指一个论证所隐含的、未表述的假设。这里所讨论的预设，不同于这一含义。对于论证来说，预设不同于假设。一个论证的预设是指，如果该预设不成立，则当下的论证这项活动本身失去了正当性。这种情况下，说此论证对论点的论证成立或不成立均无意义。一个论证所依赖的假设仅涉及论证效力问题。它是在论证本身是正当的、有意义的基础上，评价论证对论点的论证力量所需要考虑的。

问题与思考：

1—2基于以下题干：

林教授患有支气管炎。为了取得疗效，张医生要求林教授立即戒烟。

1. 为使张医生的要求有说服力，以下哪项是必须假设的？

A. 张医生是经验丰富的治疗支气管炎的专家。

B. 抽烟是引起支气管炎的主要原因。

C. 支气管炎患者抽烟，将严重影响治疗效果。

D. 严重支气管炎将导致肺气肿。

解析：答案为C。

如果C项不成立，则意味着支气管炎患者抽烟，并不会严重影响治疗效果，这就会严重削弱张医生的要求的说服力。

其余各项不是必须假设的。例如，假设B项，能大大加强张医生的说服力，但不假设B项，并不能说明张医生的要求没有说服力。

2. 以下哪项是张医生的要求所预设的？

A. 林教授抽烟。

B. 林教授的支气管炎非常严重。

C. 林教授以前戒过烟，但失败了。

D. 林教授抽的都是劣质烟。

解析：答案为A。

如果A项不成立，则张医生的要求就没有意义，即肯定和否定这一要求都不成立。

有一种"Yes or No"（是或不是）式提问，带有对被提问者不利的预设，使得被提问者无论回答"是"或"不是"，都意味着承认这一预设，因而处于不利的地位。对于被提问者来说，这类提问所带有的预设，是不当预设。带有不当预设的问题，是一种伪问题。表面看来，是或不是，由排中律不能都否定。但如果由此不得已正面回答是或不是，则也是对排中律的一种误用。对此类提问的正确应对，是揭示问题背后的预设及其不当。如"你是否停止抽烟了"对于一个并不抽烟的被提问者来说，这是一个带有不当预设的伪问题。正确的应对是，"我没有抽过烟"。

问题与思考：

上帝能不能造出一块自己都搬不动的石头？

如果能，则上帝不是万能的，因为有一块石头他搬不动；如果不能，则上帝不是万能的，因为有一块石头他不能创造。能或不能，二者必居其一。因此，上帝不是万能的。

这是驳斥"上帝万能"的著名论证。

以下是对上述论证的两个驳斥。

驳斥1：

"上帝能不能造出一块自己都搬不动的石头"这一问题预设：存在上帝搬不动的石头，这实际就是预设：上帝不是万能的。上述论证要论证的结论是"上帝不是万能的"，而在论证前首先预设"上帝不是万能的"，属"窃取论题"，因此，这是一个不当预设。对一个"上帝万能"论者来说，"上帝能不能造出一块自己都搬不动的石头"是一个不应回答的伪问题，如同对一个不抽烟的人来说，"你是否停止抽烟"是一个不应回答的伪问题。

驳斥2：

万能，是指能创造任何可能的事物，不是指也能创造不可能的事物。因此，例如"方的圆""只有三个角的五角星"这样的不可能事物上帝不能创造，不能说明上帝不是万能的。同样，如果上帝是万能的，则不可能存在他搬不动的石头，因此，上帝不能创造自己搬不动的石头，不能说明上帝不是万能的。因为对于万能的上帝来说，他搬不动的石头是不可能事物。

试分析以上两个驳斥。

解析："上帝能不能造出一块自己都搬不动的石头"这一问题并没有预设存在上帝搬不动的石头。如果上帝能造出这样一块石头，则可能存在这样的石头；如果上帝造不出这样的石头，则可能不存在这样的石头。因此，"驳斥1"不成立。"驳斥2"成立。

第四章

充分论证

人们认识事物有两种途径，直接地观察与间接地推理。前者是使用感官对认识对象作观察，后者是用已掌握的相关信息使用推理这一理性思维形式得出对有关对象的判断。

推理乃是思维基本形式之一，由一组命题推出某个命题。其中，那组命题是推理的前提，所推出的那个命题为推理的结论。前提与结论的关联形式叫作推理形式。

要保证思维所到达的这些命题真实可靠，有两个要求。首先，前提要真实可靠；其次，前提与结论之间的联系，也就是"所以"或"因此"这个环节，要有充足性。后者是推理理论主要研究内容。而论证理论结合前者，研究如何确保推理结论的真实性或提高其为真的概率。因此，人们一般将论证理解为根据已知为真的命题，来确定某一命题真实性的思维形式。推理的前提、结论与推理形式分别对应论证的论据、论点与论证方式。推理是论证基础，任何论证都包含至少一个推理。

论证和推理的区别主要有：第一，思维过程不同。论证是先有论题后找论据来论证，推理则是先有前提然后推出结论。第二，逻辑要求的着重点不同。论证的着重点放在论题和论据的真实性上，重点要求论据必须真；推理本身并不要求前提必须真实，着重强调前提和结论之间的逻辑联系。第三，逻辑结构的繁简不同。论证的结构往往比推理复杂。总之，任何论证都需要运用推理，但并非任何推理都是论证。我们以下先扼要介绍推理理论，然后再讨论论证。

第一节　合理推理

为使论证正确，就要保证所用推理形式正确。在第一章我们了解到，推理有必然性与或然性两种类型，前者也叫演绎推理，后者主要包括归纳推理与类比推理两种类型。以下我们分别对之详细考察。

一、演绎推理的有效性

演绎推理的合理性就是指有效性，也就是推理形式是保真的——不可能出现前提真而结论假这种情况。演绎推理分命题逻辑与谓词逻辑两个不同层次。

1. 命题逻辑常用的有效推理形式

1.1　联言推理的有效式

联言推理的有效性包括以下两种：

（1）分解式：

$$\frac{p\text{并且}q,}{\text{所以，}p} \qquad \frac{p\text{并且}q,}{\text{所以，}q}$$

例如：

$$\frac{\text{虽然前进的道路不会一帆风顺，但我们依然要砥砺前行。}}{\text{所以，我们依然要砥砺前行。}}$$

（2）合成式

$$\frac{\begin{array}{l}p\\q\end{array}}{}$$

所以，p并且q

例如：

这个项目比预计晚了一年多才完工。

这个项目最终验收合格。

———

所以，这个项目尽管比预计晚了一年多才完工，但是最终验收合格。

1.2 选言推理的有效式

（1）相容选言推理的否定肯定式

p或者q   p或者q

并非p   并非q

———   ———

所以，q   所以，p

例如：

李华昨天或者登长城了，或者爬香山了。

李华昨天没有登长城。

———

所以，李华昨天爬香山了。

（2）析取引入式

p   q

———   ———

所以，p或者q   所以，p或者q

例如：

小张来自辽宁。

———

所以，小张来自辽宁或吉林。

（3）不相容选言推理的否定肯定式

要么p，要么q   要么p，要么q并非p

并非p   并非q

———   ———

所以，q   所以，p

例如：

李华要么出生在北京，要么出生在南京。

李华不出生在北京。

所以，李华出生在南京。

（4）不相容选言推理的肯定否定式

要么 p，要么 q 要么 p，要么 q

p q

所以，并非 q 所以，并非 p

例如：

这件文物要么是宋朝的，要么是明朝的。

这件文物是明朝的。

所以，这件文物不是宋朝的。

1.3 假言推理的有效式

（1）充分条件假言推理肯定前件式

如果 p，那么 q

p

所以，q

例如：

如果今天是冬至，那么今天是漠河一年中白昼最短的一天。

今天是冬至。

所以，今天是漠河一年中白昼最短的一天。

（2）充分条件假言推理否定后件式

如果 p，那么 q

并非 q

所以，并非 p

例如：

如果今天雾霾严重，那么学校就暂停户外体育运动。

学校没有暂停户外体育运动。

所以，今天雾霾不严重。

根据充分条件可知，由肯定充分条件假言命题的后件推出其前件，或是由否定其前件得到其后件的否定，都是错误的推理。

（3）必要条件假言推理肯定后件式

只有p，才q

q

所以，p

例如：

他只有年满18周岁，才有选举权。

他有选举权。

所以，他年满18周岁。

（4）必要条件假言推理否定前件式

只有p，才q

并非p

所以，并非q

例如：

只有张强发烧了，他得的才是肺炎。

张强没有发烧。

所以，张强得的不是肺炎。

根据必要条件可知，由肯定必要条件假言命题的前件推出其后件，或是由否定其后件得到其前件的否定，都是错误的推理。

对于充分必要条件命题，以上所述的肯定前件式、否定后件式、肯定后件式以及否定前件式都是有效的推理形式。如以下为充分必要条件假言推理的否定前件式。其他的类似，不再赘述。

当且仅当 p，才 q

并非 p

所以，并非 q

将以上基本推理类型组合可得到一些较复杂的有效推理形式。比较重要而常见的是二难推理形式。另外，如果负命题的否定支是一个复合命题，该负命题相当于否定了该复合命题，准确把握此负命题的逻辑含义对于明晰判断、明确论证主题非常重要。以下我们先详细考察复合命题的负命题，然后再讨论二难推理。

1.4 基本复合命题的否定及其等值式

（1）联言命题的否定及其等值式

并非（p 且 q）等值于（非 p 或者非 q）。

用符号表示就是：$\neg(p \wedge q) \leftrightarrow (\neg p \vee \neg q)$。

例如：直接否定联言命题"这个商店的商品不但物美而且价廉"就是：

并非这个商店的商品不但物美而且价廉

它等值于：

这个商店的商品或者物不美或者价不廉

（2）相容选言命题的否定及其等值式

并非（p 或者 q）等值于（非 p 并且非 q）。

用符号表示就是：$\neg(p \vee q) \leftrightarrow (\neg p \wedge \neg q)$。

例如：直接否定相容选言命题"小张或者是医生或者是教师"就是：

并非小张或者是医生或者是教师

它等值于：

小张既不是医生也不是教师

以上（1）与（2）两个等值式也叫德摩根律。

（3）不相容选言命题的否定及其等值式

并非（要么p，要么q）等值于 [（p且q）或者（非p且非q）]，也等值于（p当且仅当q）。

用符号表示就是：¬（要么p，要么q）↔[（p∧q）∨（¬p∧¬q）]；

¬（要么p，要么q）↔（p↔q）。

例如：直接否定"你要么接受罚款，要么接受拘留"就是：

并非"你要么接受罚款，要么接受拘留"

它等值于：

或者你接受罚款且拘留，或者你接受既不罚款也不拘留

它也等值于：

你接受罚款当且仅当你接受拘留

（4）充分条件假言命题的否定及其等值式

并非（如果 p，那么q）等值于（p且非q）。

用符号表示就是：¬（p→q）↔（p∧¬q）。

例如：直接否定充分条件假言命题"如果接下来这场比赛巴西队赢了，那它就能进入淘汰赛"就是：

并非"如果接下来这场比赛巴西队赢了，那它就能进入淘汰赛"

它等值于：

接下来这场比赛巴西队即使赢了也不能进入淘汰赛

（5）必要条件假言命题的否定及其等值式

并非（只有p，才q）等值于（非p且q）。

用符号表示就是：¬（p←q）↔（¬p∧q）。

例如：直接否定必要条件假言命题"巴西队在接下来这场比赛只有赢了，（它）才能进入淘汰赛"就是：

并非"巴西队在接下来这场比赛只有赢了，（它）才能进入淘汰赛"

它等值于：

巴西队在接下来这场比赛即使不赢，（它）也能进入淘汰赛

（6）充要条件假言命题的否定及其等值式

并非（p，当且仅当q）等值于[（p且非q）或者（非p且q）]，也等值于（要么p，要么q）。

用符号表示就是：$\neg（p \leftrightarrow q）\leftrightarrow [（p \wedge \neg q）\vee（\neg p \wedge q）]$；$\neg（p \leftrightarrow q）\leftrightarrow$（要么$p$，要么$q$）。

例如：直接否定充要条件假言命题"咱们发货，当且仅当收到了货款"就是：

并非"咱们发货，当且仅当收到了货款"

它等值于：

或者咱们发货但没有收到货款，或者咱们没发货但收到了货款

（7）$\neg \neg p \leftrightarrow p$

直接否定"并非车到山前必有路"就是：

并非并非车到山前必有路。

它等值于：

车到山前必有路。

（7）的一个方向（从左至右）叫双重否定消去，另一个方向（从右至左）叫双重否定添加。

1.5 二难推理

二难推理是由两个充分条件假言命题和一个二支的选言命题作前提构成的命题推理。它有四种类型。

（1）简单构成式

其形式为：

如果p，那么r

如果q，那么r

p或者q

————————————

所以，r

其特点是，前提中的两个假言命题前件不同，后件相同。选言命题的两个选言支分别肯定这两个假言命题的不同前件。结论是这两个假言命题的共同后件。

例如：

如果我去林妹妹处，足以致疾。

如果我不去林妹妹处，也足以致疾。

或者我去林妹妹处，或者我不去林妹妹处。

————————————

总之，皆足以致疾。

（2）简单破坏式

其形式是：

如果p，那么q

如果p，那么r

并非q，或者，并非r

————————————

所以，并非p

其特点是，两个假言命题前件相同，后件不同。选言命题的两个选言支分别否定这两个假言命题的不同后件。结论是这两个假言命题的共同前件的否定。

例如：

如果小张是作案者，那么他有作案动机。

如果小张是作案者，那么他有作案时间。

或者小张没有作案动机，或者小张没有作案时间。

所以，小张不是作案者。

（3）复杂构成式

其形式为：

如果p，那么q

如果r，那么s

p或者r

所以，q或者s

其特点是，前提中的两个假言命题前件不同，后件也不同。选言命题的两个选言支分别是这两个假言命题的前件。结论是由这两个假言命题的后件构成的选言命题。

例如：

如果别人的意见是正确的，那么你就应当接受。

如果别人的意见是错误的，那么你就应当反对。

别人的意见或者是正确的或者是错误的。

所以，你或者应当接受或者应当反对。

（4）复杂破坏式

其形式为：

如果p，那么q

如果r，那么s

并非q或者并非s

所以，并非p或者并非r

其特点是，前提中的两个假言命题前件与后件都分别不同，选言命题的两个选言支分别是这两个假言命题的两个后件的否定，结论是由这两个假言命题的不同的前件的否定所构成的选言命题。

例如：

如果你这矛无往不破，那么它就能刺破你的盾。

如果你这盾无所不挡，那么它就能挡住你的矛。

或者你的矛不能刺破你的盾，或者你的盾不能挡住你的矛。
___

所以，或者你的矛不是无往不破，或者你的盾不是无所不挡。

二难推理是一种强有力的推理形式，在分析性写作与论辩中常见。其形式较复杂，因而使用也易出现不当。一般有推理形式不正确以及前提不真实这两种错误。前者属于逻辑错误，较容易判断。前面四种正确的二难推理形式运用了充分条件假言推理的肯定前件式或否定后件式。如果由肯定充分条件假言的后件得到其前件，就属于推理形式不正确。例如以下这种形式，就是错误的：

如果p，那么q

如果r，那么s

q或者s
___

所以，p或者r

前提不真实通常属于事实错误，分别有假言命题为假和选言命题为假两种情况。

我们各举一例来说明。

例如：

如果中国抗战能够胜利，那么抗战就会速胜。

如果中国抗战不能够胜利，那么中国就会亡国。

抗战或者能够胜利，或者不能够胜利。
___

所以，抗战或者会速胜，或者中国会亡国。

此处错误在于第一个假言命题为假。中国抗战能够胜利，但不会速胜，而是经过持久战取得胜利。

例如：

学而不思则罔，思而不学则殆。

不是学而不思，就是思而不学。

所以，不是罔就是殆。

此处错误在于选言命题没有穷尽所有的可能性（遗漏了既学又思这种情况），因而为假。

1.6　有效命题推理形式的运用

首先我们根据假言命题的几种有效推理形式解读联结词"除非……，否则……"，然后我们通过几个案例展示前面1至5所述的有效推理形式在实践中的运用。

"除非……，否则……"是日常语言对条件关系常见的陈述方式，其表达很灵活。下面介绍一种简明的方法。

在陈述条件关系时，"除非"和"否则"是一种确定的搭配，在实际陈述中，有时会省略其中的一个。但关键是要理解"否则"。其中之"则"是"如果……，那么……"的省略表达。所以，当省略了"否则"时，就将其补齐。例如："p，除非q"省略了"否则"，其规范形式是"除非q，否则p"。后者与"q，否则p"是等价的。此时，根据"否则"的含义，其所否定的是不含"否则"的另外一部分（上述例子中即为q，也就是要否定q）。"否则"这部分所含有的支命题是结果（上述例子中即为p）。串起来就是：如果否定……，则……。最后将二者以"→"联结起来即为其形式结构。上述例子的形式结构即为$\neg q \to p$。

根据上述方法，结合前面讲述的假言命题的几种推理形式，我们有如下结果：

"除非p，否则不q"，表达为"$\neg p \to \neg q$"，等（值）于"$p \to q$"；

"除非p，否则q" 表达为 "$\neg p \to q$"；

"除非不p，否则不q" 表达为 "$\neg\neg p \to \neg q$"，即 "$p \to \neg q$"；

"除非不p，否则q" 表达为 "$\neg\neg p \to q$"，即 "$p \to q$"；

"p，否则q" 整理为 "除非p，否则q"，表达为 "$\neg p \to q$"；

"p，除非q" 整理为 "除非q，否则p"，表达为 "$\neg q \to p$"。

问题与思考：

不想当将军的士兵就不是好士兵。

以下哪（些）项符合上述断定？

A. 除非不是好士兵，否则一定想当将军。

B. 除非想当将军，否则就不是好士兵。

C. 除非是好士兵，否则就不想当将军。

D. 除非不想当将军，否则就一定是好士兵。

解析：答案为A和B。

题干和各选项的结构可分析表达如下。

题干：不想当将军的士兵就不是好士兵。

¬想当将军 →¬是好士兵

⇔是好士兵→ 想当将军

题干意为："想当将军"为"是好士兵"的必要条件，也可表达为：后者是前者的充分条件。

A.除非不是好士兵，否则一定想当将军。

¬不是好士兵→想当将军

⇔是好士兵→想当将军

B.除非想当将军，否则就不是好士兵。

¬想当将军→ ¬是好士兵

⇔是好士兵→想当将军

C.除非是好士兵，否则就不想当将军。

¬是好士兵→¬想当将军

⇔想当将军→是好士兵

D.除非不想当将军，否则就一定是好士兵。

¬不想当将军→是好士兵

⇔想当将军→是好士兵

A项、B项与题干的意思完全一样。

C项和D项的含义均为："想当将军"为"是好士兵"的充分条件，不符合题干。

问题与思考：

用"→"表示下列条件关系：

1.有A，就不会没B。

2.只要有A，就不会有B。

3.如果没A，就不会有B。

4.要有A，必须有B。

5.只有无A，才有B。

6.除非没A，否则一定有B。

7.无B，除非有A。

8.有B，否则无A。

9.A和B至少有一，否则C。

10.A和B都有，除非没C。

解析：答案为：

1.A→B 2.A→¬B 3.¬A→¬B 4.A→B 5.B→¬A

6.A→B 7.¬A→¬B 8.¬B→¬A 9.¬（A∨B）→C

10.C→（A∧B）

问题与思考：

只要不下雨，就开运动会。

以下哪（些）项正确地表达了上述断定？

A. 不下雨是开运动会的必要条件。

B. 下雨是不开运动会的充分条件。

C. 开运动会是不下雨的充分条件。

D. 开运动会是不下雨的必要条件。

E. 不开运动会是下雨的充分条件。

解析：答案为D和E。

"只要不下雨，就开运动会"的结构是：

¬下雨→开运动会

⇔¬开运动会→下雨

前面已经指出，"→"所表达的条件关系是：前件是后件的充分条件；后件是前件的必要条件。因此，由上述两个等值式表达题干的公式，不难得出结论：

不下雨是开运动会的充分条件；

开运动会是不下雨的必要条件（D项）；

不开运动会是下雨的充分条件（E项）；

下雨是不开运动会的必要条件。

问题与思考：

过去的20年里，科幻类小说占全部小说的销售比例从1%提高到了10%。其间，对这种小说的评论也有明显的增加。一些书商认为，科幻小说销售量的上升主要得益于有促销作用的评论。

以下哪项如果为真，最能削弱题干中书商的看法？

A. 科幻小说的评论，几乎没有读者。

B. 科幻小说的读者中，几乎没有人读科幻小说的评论。

C. 科幻小说评论文章的读者，几乎都不购买科幻小说。

D. 科幻小说评论文章的作者中，包括著名的科学家。

E. 科幻小说评论文章的作者中，包括因鼓吹伪科学而臭了名声的作家。

解析：答案为C。

书商认为，科幻小说的评论使得科幻小说销售量上升，即人们阅读或了解了科幻小说的评论会去购买科幻小说。这个观点的否定当然是最能削弱它的，而该观点的否定即为C。

问题与思考：

只要天上有太阳并且气温在零度以下，街上总有很多人穿着皮夹克。只要天下着雨并且气温在零度以上，街上总有人穿着雨衣。有时，天上有太阳却同时下着雨。

如果上述断定为真，则以下哪项一定为真？

A. 有时街上会有人在皮夹克外面套着雨衣。

B. 如果街上有很多人穿着皮夹克但天没下雨，则天上一定有太阳。

C. 如果气温在零度以下并且街上没有多少人穿着皮夹克，则天一定下着雨。

D. 如果气温在零度以上并且街上有人穿着雨衣，则天一定下着雨。

E. 如果气温在零度以上但街上没人穿雨衣，则天一定没下雨。

解析：答案为E。

根据题干的信息，使用充分条件推理的否定后件式，由"只要天下着雨并且气温在零度以上，街上总有人穿着雨衣"得到：如果街上没人穿雨衣，则并非"天下着雨并且气温在零度以上"，再使用德摩根律，得到：或者天没有下雨，或者气温不在零度以上。由后者，根据相容选言推理的否定肯定式，由否定右边选言支，得到左边的选言支。也就是：如果气温在零度以上，那么天没有下雨。将此充分条件假言命题的前件与前面的"如果街上没人穿雨衣"这个前提结合在一起，就得到选项E。其他几个选项都不能从题干逻辑地推出。

2. 涉及词项的有效推理形式

传统逻辑将涉及词项的推理分为两类：前提仅含有一个性质命题的直接推理和前提含有多于一个性质命题的间接推理。前者主要有换质法与换位法，以及根据对当方阵得到的对当关系推理，后者主要是三段论。

2.1　换质法

换质法是将一个直言命题的质改变，同时将谓项改变为与原谓项具有矛盾关系的词项，以此所得的直言命题为结论。例如：

凡迷信不是科学。所以，凡迷信是非科学。

有些代表是非党员。所以，有些代表不是党员。

分别以四种直言命题为前提，使用换质法的推理情形如下：

所有S是P。所以，所有S不是非P。

所有S不是P。所以，所有S是非P。

有S是P。所以，有S不是非P。

有S不是P。所以，有S是非P。

2.2　换位法

换位法是将一个直言命题的主项与谓项分别换为原来的谓项与主项，所得的直言命题为结论，并且要求：一个词项在作为前提的直言命题中若不周延，则其在结论中也不能周延，即改变位置前若不周延，改变位置后依然不周延。这一要求叫不能扩大周延。四种直言命题中，特称肯定命题与全称否定命题只需简单将主谓项位置互换即可推出结论，即：

有S是P。所以，有P是S。

所有S不是P。所以，所有P不是S。

例如：

有老年人是球迷。所以，有球迷是老年人。

凡迷信不是科学。所以，凡科学不是迷信。

但是，由于有不能扩大周延的限制，因此，对全称肯定命题使用换位法得到的只能是特定肯定命题，即：

所有S是P。所以，有P是S。

例如：

所有商品都是劳动产品。因此，有劳动产品是商品。

对特称否定命题不能使用换位法。

2.3 对当关系推理

根据矛盾关系，全称肯定命题与特称否定命题的否定是等值的。因此有如下推理形式：

所有S是P。所以，并非有S不是P。

由充分条件假言命题的否定后件以及双重否定消去律，上述等值于：有S不是P。所以，并非所有S是P。

并非所有S是P。所以，有S不是P。

上述等值于：并非有S不是P。所以，所有S是P。

全称否定命题与特称肯定命题的否定是等值的，也可得到四种推理形式。

例如：

所有蝙蝠不是鸟。所以，并非有蝙蝠是鸟。

根据反对关系，在全称肯定命题与全称否定命题之间有如下推理形式：

所有S是P。所以，并非所有S不是P。

上述等值于：所有S不是P。所以，并非所有S是P。

例如：

所有辛勤劳动是有回报的。所以，并非所有辛苦劳动不是有回报的。

根据下反对关系，在特称肯定命题与特称否定命题之间有如下推理形式：

并非有S是P。所以，有S不是P。

上述等值于：并非有S不是P。所以，有S是P。

例如：

并非有教师是无党派人士。所以，有教师不是无党派人士。

根据从属关系，在全称肯定（否定）命题与特称肯定（否定）命题之间有如下推理形式：

所有S是P。所以，有S是P。

上述等值于：并非有S是P。所以，并非所有S是P。

所有S不是P。所以，有S不是P。

上述等值于：并非有S不是P。所以，并非所有S不是P。

例如：

所有同学是团员。所以，有同学是团员。

问题与思考：

某公请客，尚有人未到。于是他说："该来的不来。"有些客人听了此话便起身走了。某公又说："不该走的走了。"于是剩下的客人全都走光了。请分析某公为何请客不成。

解析："该来的不来"整理成规范的形式为：该来的不是来（了）的。由换位法得到：来（了）的不是该来的。再由换质法得到：来（了）的是不该来的。因此，有些客人听了此话便起身走了。

"不该走的走了"整理成规范的形式为：不该走的是走了的。由换质法得到：不该走的不是没有走的。由换位法得到：没有走的不是不该走的。再由换质法得到：没有走的是该走的。因此，剩下的客人全都走光了。

问题与思考：

某次税务检查后，三个工商管理人员有如下结论：

甲：所有个体户已经纳税。

乙：服装个体户陈老板已经纳税。

丙：有个体户已经纳税。

如果上述三个命题中有且只有一个假，则哪个命题为假？

解析：甲的话是全称肯定命题，乙的话是单称肯定命题，丙的话是特称肯定命题。甲的话可以推出乙和丙的话。既然三句话中恰有一句为假，因而甲的话不可能为真，故甲的话为假。

问题与思考：

下列三句话一真二假，试问：甲班的50名同学中有多少人会游泳？

（1）有些甲班的同学会游泳。

（2）有些甲班的同学不会游泳。

（3）甲班的小王会游泳。

解析：（3）是单称命题，（1）是特称命题，它们构成从属关系，前者蕴涵后者。由仅有一真推知（3）为假，由此可推知：甲班的小王不会游泳，因此（2）真，进一步推知（1）假。因此，甲班同学都不会游泳。

问题与思考：

设下列三句话中只有一句是假的，试问：甲公司总经理是否懂得计算机？

（1）甲公司所有员工都懂计算机。

（2）甲公司小王懂计算机。

（3）甲公司所有员工都不懂计算机。

解析：（1）是全称命题，（2）是单称命题，它们构成从属关系，前者蕴涵后者。因此，后者不能为假 [否则（1）也为假，与仅有一句为假这一条件相矛盾]，所以（2）真。由（2）真，推知（3）假。因为只有一句是假的，因而（1）真，进一步推出甲公司总经理懂得计算机。

问题与思考：

北方人不都爱吃面食，但南方人都不爱吃面食。

如果已知上述第一个断定真，第二个断定假，则以下哪项据此不能确定真假？

Ⅰ.北方人都爱吃面食，有的南方人也爱吃面食。

Ⅱ.有的北方人爱吃面食，有的南方人不爱吃面食。

Ⅲ.北方人都不爱吃面食，南方人都爱吃面食。

A.只有Ⅰ。　　　　B.只有Ⅱ。

C.只有Ⅲ。　　　　D.只有Ⅱ和Ⅲ。　　E.Ⅰ、Ⅱ和Ⅲ。

解析：答案为D。

由"北方人不都爱吃面食"知Ⅰ的前半部分为假。因此Ⅰ为假。

"北方人不都爱吃面食"相当于"有北方人不爱吃面食"，后者是一个O命题；"南方人都不爱吃面食"为假，相当于"有南方人爱吃面食"为真，后者是一个Ⅰ命题。因此，Ⅱ和Ⅲ的前后两部分的真假都不能确定。

2.4　三段论

三段论是由三个直言命题（性质命题）构成的推理形式。它满足如下三个条件：首先，这三个直言命题恰好包含三个不同的词项。其次，每个词项在任意一个命题中至多出现一次，但在这三个直言命题中共出现两次。最后，以其中的两个命题为前提，以第三个命题为结论。例如：

所有鸟都不是哺乳动物。

企鹅是鸟。

所以，企鹅不是哺乳动物。

以下介绍有关三段论的几个重要概念。

中项：在前提中出现两次，在结论中不出现的词项，用M表示。如上例中的"鸟"。

小项：结论的主项，用S表示。如上例中的"企鹅"。

小前提：包含小项的前提。如上例中的"企鹅是鸟"。

大项：结论的谓项，用P表示。如上例中的"哺乳动物"。

大前提：包含大项的前提。如上例中的"所有鸟都不是哺乳动物"。E表示"不是"，A表示"是"，上例可表示为如下形式：

MEP

SAM

所以，SEP

通常大前提在前，小前提在后，但这不是区分大、小前提的标准。区分大、小前提的标准是其定义。

判定三段论有效一般使用以下七条规则：

规则1　中项在前提中至少周延一次。违反这一规则，称为"中项两次不周延"。

规则2　前提中不周延的词项，在结论中不得周延。违反这一规则，就会犯"大项不当周延"或"小项不当周延"的错误。

规则3　大小前提不能都为否定命题。

规则4　如果前提有一为否定命题，则结论为否定命题。

规则5　如果结论为否定命题，则前提之一为否定命题。

规则6　大小前提不能都是特称命题。

规则7　如果前提有一是特称命题，则结论须是特称命题。

规则1至5属于基本规则。这组基本规则是一个三段论有效的充要条件：一个三段论是有效的，当且仅当它遵守了这五条规则。规则6和7属于导出规则，即它们可由那组基本规则推导出来。

问题与思考：

判定以下推理是否有效，并说明理由：

（1）节肢动物不是脊椎动物。

　　蜈蚣是节肢动物。

　　所以，蜈蚣不是脊椎动物。

（2）鲁迅的著作不是一天能读完的。

　　《阿Q正传》是鲁迅的著作。

　　所以，《阿Q正传》不是一天能读完的。

（3）人民教师是知识分子。

　　中学教师是知识分子。

　　所以，中学教师是人民教师。

（4）中学生都是青少年。

　　中学生都是求知者。

　　所以，求知者都是青少年。

（5）北美国家都是发达国家。

　　巴西不是北美国家。

　　所以，巴西不是发达国家。

（6）奇数不是偶数。

　　偶数不是无理数。

　　所以，奇数不是无理数。

（7）有些教师是球迷。

有些球迷是狂热分子。

所以，有些教师是狂热分子。

（8）所有商品都是有价值的。

有些手工产品是商品。

所以，所有手工商品是有价值的。

（9）所有动词都是实词。

所有介词不是实词。

所以，有些介词不是动词。

（10）知识分子是应受到尊重的。

人民教师是知识分子。

所以，人民教师是应受到尊重的。

解析：（1）是有效的三段论。它遵守了所有规则。

（2）不是三段论。第一个前提中的"鲁迅的著作"是"集合概念"，所指是集合体；第二个前提中的"鲁迅的著作"是非集合概念，所指是类。这类错误叫"四概念错误"，也可以说违反了同一律（前后两个语词所指不同一）。

（3）不是有效的三段论。中项"知识分子"两次不周延。

（4）不是有效的三段论。小项"求知者"在前提中不周延，在结论中周延，属"小项不当周延"。

（5）不是有效的三段论。大项"发达国家"在前提中不周延，在结论中周延，属"大项不当周延"。

（6）不是有效的三段论。违反了规则3（大小前提不能都是否定命题）。

（7）不是有效的三段论。中项一次也没有周延。它也违反了规则6（大小前提不能都是特称命题）。

（8）不是有效的三段论。前提有一为特称命题，但结论是全称命题，违反规则7（如前提有一是特称命题，则结论须是特称命题）。

（9）是有效三段论。有效三段论须遵守规则7，但不必遵守其逆命题（如结论为特称命题，则其前提有一为特称命题）。

（10）是有效三段论。它遵守了所有规则。

3. 模态推理

模态命题推理形式主要涉及必然、可能以及它们同否定、合取与析取之间的关系。有效的模态命题推理形式主要利用以下几个等值式得到：

（1）$\Box p \leftrightarrow \neg \Diamond \neg p$

（2）$\Diamond p \leftrightarrow \neg \Box \neg p$

（3）$\neg \Box p \leftrightarrow \Diamond \neg p$

（4）$\Box \neg p \leftrightarrow \neg \Diamond p$

（5）$\Box (p \wedge q) \leftrightarrow (\Box p \wedge \Box q)$

（6）$\Diamond (p \vee q) \leftrightarrow (\Diamond p \vee \Diamond q)$

也就是："必然"相当于"不可能不"；"可能"相当于"不必然不"；"不必然"相当于"可能不"；"必然不"相当于"不可能"；必然对合取有分配律；可能对析取有分配律。

问题与思考：

甲：我准中奖。

乙：不见得。

甲：那你认为我不可能中奖？

乙：我不这么认为。

甲：你"两不可"，违反排中律。

乙：你错误地理解了排中律。

解析：甲误解了乙的意思。乙否定"甲准中奖"，相当于说"甲可能不中奖"，其意并非"甲不可能中奖"。"甲可能不中奖"与"甲准中奖"是反对关系，对此排中律并不适用。

除以上外，还有以下两种推理形式：

（1）$\Box p \rightarrow p$

（2）$p \rightarrow \Diamond p$

一般非模态命题为实然命题。因此，上述两式的意思即为"必然"蕴涵"实然"，也就是指必然的事情都是事实上发生的；"实然"蕴涵"可能"，也就是事实上发生的事情都是可能的事情。

问题与思考：

甲：必然所有的经济发展方式都将导致生态环境恶化。

乙：不是这样的。

乙的意思最接近于下列哪个？

A. 任何经济发展都不必然导致生态环境恶化。

B. 有的经济发展可能导致生态环境恶化。

C. 有的经济发展可能不导致生态环境恶化。

D. 任何经济发展都可能不导致生态环境恶化。

解析：答案为C。

乙的回答是甲的话的否定。因此，乙的话就相当于"并非必然所有的经济发展方式都将导致生态环境恶化"。根据"并非必然"等值于"可能并非"，上述话就可转换为"可能并非所有的经济发展方式都将导致生态环境恶化"。再根据全称肯定命题等值于特称否定命题，上述话进一步转换为"可能有的经济发展方式不导致生态环境恶化"。

二、归纳与类比的可靠性

1. 归纳推理

归纳推理是从个别性或特殊性知识推出一般性知识的推理形式。例如，发现一些个别事物，如石头、木头、金属、手掌等摩擦会生热，由此推出所有物体都会摩擦生热。发现一些鸟，如麻雀、燕子、杜鹃、喜鹊等会飞，由此推出所有鸟都会飞。根据所考察的范围是否包括结论所涉及类的全部对象，将归纳推理分为完全归纳推理与不完全归纳推理。以上两个都属于不完全归纳推理。通过考察京、津、沪、渝四个城市，发现2021年这四个城市的人口都在1500万以上，2021年中国直辖市就是上述四个城市，因此可得出结论：2021年中国直辖市的人口都超过1500万。这是一个完全归纳推理。

其推理形式如下：

S_1 是 P

S_2 是 P

……

S_n 是 P

S_1、S_2、…、S_n 是 S 的全部对象

所以，所有 S 都是 P

完全归纳推理考察了一类事物的每一个对象，这既使得其前提真确保结论真，从而它是必然性推理，也限制了其适用范围。它不适用无限场合，而且对象数目非常大的场合实践上往往也不可行。

不完全归纳推理的结论是或然的。对于不完全归纳推理，根据其是仅考察个别部分对象具有某性质，还是除此外考察对象与性质之间的因果关联性，进一步将不完全归纳推理分为简单枚举归纳推理和科学归纳推理。

简单枚举归纳推理只是根据某类事物的部分对象具有某种属性，并且没有遇到反例，推出该类事物全部对象都具有该属性。如上述所举推出所有鸟都会飞的例子就是简单枚举归纳推理。其一般模式如下：

S_1 是 P

S_2 是 P

……

S_n 是 P

S_1、S_2、…、S_n 是 S 的部分对象，并且没有遇到与之相反的事例（没有遇到S中的某个对象不具有性质P）

所以，所有 S 都是 P

简单枚举归纳推理在日常生活和科学研究中都有重要作用。"础润而雨，月晕而风""学习如逆水行舟，不进则退""鸟低飞，披蓑衣"等成语谣谚，都是根据生活中多次重复的事例，用简单枚举归纳推理概括出来的。

但是，简单枚举归纳推理的结论不可靠，如所有鸟会飞的例子。要提高简单枚举归纳推理的可靠性，应注意两个方面。首先，尽可能多地考察对象的数量。数量越多，结论的可靠性程度就越大。仅根据少量事例就概括出一切，结论容易犯"轻率概括"（也叫"以偏概全"）的错误。其次，尽可能多地考察对象的范围与类型。范围越广，类型越多，所选的对象就越具代表性，因而结论的可靠性程度就越大。

科学归纳推理是根据某类事物中的部分对象与某属性之间的因果联系，推出该类事物全部对象具有该属性的不完全归纳推理。常见的例子是，从金、银、铜、铁等金属加热后体积会膨胀这一现象开始，进一步研究现象背后的原因，加热导致这些金属分子凝聚力减弱，相应地，分子间的距离会增大，从而出现体积膨胀这一现象。由此人们认识到金属加热与其体积膨胀之间的因果关联，得出结论：所有金属加热后体积都会膨胀。

科学归纳推理的一般模式如下：

S_1 是 P

S_2 是 P

……

S_n 是 P

S_1、S_2、…、S_n 是 S 的部分对象，并且 S 与 P 有因果联系

————————————

所以，所有 S 都是 P

科学归纳推理也属不完全归纳推理，其结论只具有或然性。但是，由于它考察了对象与属性之间的因果联系，它比简单枚举归纳推理可靠性程度要高。从推理形式来看，影响科学归纳推理的可靠性的，不是考察对象的数量，而是推理过程中对象与属性之间的因果联系这个环节。

2. 探求因果联系的方法——穆勒五法

英国哲学家约翰·穆勒（John Stuart Mill，1806—1873）在《逻辑学体系》中，通过总结自英国哲学家培根（Francis Bacon，1561—1626）以来归纳推理的研究成果，系统论述了"求因果五法"，即求同法、求异法、求同求异并用法、共变法和剩余法，对其形式和规则做了具体规定和说明，史称"穆勒五法"。

如果某现象的存在，必然引起另一现象发生，这两现象间就具有因果关系。引起某一现象产生的现象，叫作原因。被某现象引起的现象，叫作结果。因果关系有如下特点：

首先，因果时间上是先后相继，因在前果在后。但要注意，并非凡是先后相继者都有因果关系。要避免仅以两者时间上的先后就认定其有因果关系；否则，就犯了以先后为因果的错误。

其次，因果关系是确定的。在相同的条件下，有因必有果。

最后，因果关系是普遍而又复杂的。就普遍性而言，某种现象发生总有其原因，而某种事物发生总会引起其相应的结果。就复杂性来讲，有一果多因，也有一因多果。而且，由于人类认识的局限性，有些现象的原因我们至今不知，但这不表示有无因之果。而有些现象所产生的结果我们也可能暂时无法检测，但这不表示存在无果之因。

问题与思考：

某研究报告说：与心跳速度每分钟低于58次的人相比，心跳速度每分钟超过78次者，心脏病发作或者发生其他心血管问题的概率高出39%，死于这类病的风险高出77%，其整体死亡率高出65%。报告指出，长期心跳过快导致了心血管疾病。

以下哪项如果为真，最能够对该报告的观点提出质疑？

A. 各种心血管疾病影响身体的血液循环机能，导致心跳过快。

B. 在老年人中，长期心跳过快的不到19%。

C. 在老年人中，长期心跳过快的超过39%。

D. 野外奔跑的兔子心跳很快，但是很少发现它们患心血管疾病。

E. 相对老年人，年轻人生命力旺盛，心跳较快。

解析：答案为A。

报告认为，长期心跳过快导致了心血管疾病。选项A认为，心血管疾病导致心跳过快，相当于指出报告因果倒置。这是对报告最强的削弱。

问题与思考：

越来越多有说服力的统计数据表明，具有某种性格特征的人易患高血压，而具有另一种性格特征的人易患心脏病，如此等等。因此，随着对性格特征的进一步分类了解，通过主动修正行为和调整性格特征以达到防治疾病的可能性将大大提高。

以下哪项最能反驳上述观点?

A. 一个人可能会患有与各种不同性格特征均有关系的多种疾病。

B. 某种性格与其相关的疾病可能由相同的生理因素导致。

C. 通过对某一地区的调查数据进行统计分析,不能得出题干所说的某种性格特征的人易患高血压的结论。

D. 人们往往是在病情已难以扭转的情况下,才愿意修正自己的行为,但为时已晚。

E. 用心理手段医治与性格特征相关的疾病的研究在我国已有多年历史,但众说纷纭,莫衷一是。

解析:答案为B。

需要反驳的观点是,性格与疾病有相关性,调整性格可防治疾病。选项B指出,性格和疾病有共因,可能由共同的生理因素所导致,这就直接质疑了上述的相关性。

问题与思考:

小陈经常因驾驶汽车超速收到交管局寄来的罚单。他调查发现同事中开小排量汽车超速的可能性低得多。为此,他决定将自己驾驶的大排量汽车卖掉,换购一辆小排量汽车,以此降低超速驾驶的可能性。

小陈的论证推理最容易受到以下哪项的批评?

A. 仅仅依据现象间有联系就推断出有因果关系。

B. 依据一个过于狭隘的范例得出一般结论。

C. 将获得结论的充分条件当作必要条件。

D. 将获得结论的必要条件当作充分条件。

E. 进行了一个不太可信的调查研究。

解析:答案为A。

小陈认为,"汽车排量大"和"超速"之间有一定的因果关系。显然这二者是不存在因果关联的。尽管他的汽车排量大，也常超速这二者是事实，但两个事实间未必就有因果关联。

以下我们介绍探究事物间因果关系的五种方法。

2.1 求同法

求同法也叫契合法，其基本内容是，在被研究现象出现的若干场合中，如果只有一个情况是在这些场合中共同具有的，那么这个唯一的共同情况就是被研究现象的原因。

以下是求同法的推理模式：

场合	先行情况	后继现象
（1）	A，B，C，D	a，b，c，d
（2）	A，B，E，F	a，b，e，f
（3）	A，C，F，H	a，c，f，h
……	……	……

所以，A是a的原因

求同法是异中求同，应用时需要注意各场合是否还有其他的共同情况。运用求同法，要避免在发现了一个共同情况后，就把它当作被研究现象的原因，而忽略可能隐藏着的另一个共同情况。例如，早期人们寻找疟疾病的原因时发现，疟疾病患者很多都住在低洼潮湿地带，于是有人推断，低洼潮湿的环境是疟疾病的原因。后来经过不断研究对比，人们终于发现疟原虫才是疟疾病的真正原因。蚊子是疟原虫的传播者，而低洼潮湿的环境是蚊子滋生的场所。避免以上这种错误的一个方法是，比较考察更多的场合，以此增加发现排除不相干情况的机会。

2.2 求异法

求异法又叫差异法，其基本内容是，在被研究现象出现和不出现的两个场合中，如果只有一个情况不同，其他情况完全相同，而且这个唯一不同的情况在被研究现象出现的场合中存在，在被研究现象不出现的场合中不存在，那么这个唯一不同的情况就是被研究现象的原因。

以下是求异法的推理模式：

场合	先行情况	后继现象
（1）	A，B，C	a
（2）	—，B，C	—

所以，A是a的原因

求异法的特点是同中求异，要求在被研究现象出现和不出现的场合中，只有一个情况不同，其他情况完全相同。这个要求一般在人工控制的条件下才能满足，所以在科学研究中它运用广泛。如医学上研发疫苗，为测试疫苗有效性可使用求异法。历史上炭疽疫苗在诞生初经受了求异法的验证。1881年，法国微生物学家、化学家巴斯德（Louis Pasteur，1822—1895）发明了炭疽疫苗，但是有人对疫苗的有效性表示怀疑。一位叫罗欣约尔的兽医就是怀疑者之一，他公开向巴斯德宣战。罗欣约尔认为，一两个神奇案例不足以判断疾病防治技术的效果，他要求这个实验必须有对照组：二十五只羊接种巴斯德的疫苗，另外二十五只不接种，等巴斯德认为他的接种已经做好，那么接下来就给这五十只羊同时注射炭疽杆菌新鲜毒液。他要求，疫苗在满足以下条件下才能被认定为有效：接种的二十五只羊一只都不能死，没接种的二十五只全部都要死。巴斯德接受了他的挑战。实验的结果是：二十五只经过接种的羊中，一只怀孕母羊一度出现高热，但后来康复，其他二十四只安然无恙；没有接种的二十五只羊全部死亡。最后罗欣约尔坦承，巴斯德发明的疫苗是非凡的成功。

求异法要求有对照组，其结论比求同法的结论要可靠一些。但也要注意以下几点。

第一，两个场合是否还有其他差异情况。应用求异法时，严格要求

"其他情况相同"，如果其他情况中还隐藏着另一个差异情况，那么这个隐藏着的差异情况，就可能是被研究现象的真正原因。

第二，两个场合唯一不同的情况，是被研究现象的全部原因，还是被研究现象的部分原因。例如，绿色植物进行光合作用，其原因是复合的：吸收太阳光的能、空气中的二氧化碳和水。如果将两组绿色植物都给予水分、二氧化碳，但只给其中一组给予阳光照射，另一组则不给予，那后一组就不能进行光合作用。但是，不能由此就断言阳光照射是绿色植物进行光合作用的全部原因。

问题与思考：

各品种的葡萄中都存在着一种化学物质，这种物质能有效地减少人血液中的胆固醇。这种物质也存在于各类红酒和葡萄汁中，但白酒中不存在。红酒和葡萄汁都是用完整的葡萄作原料制作的；白酒除了用粮食作原料外，也用水果作原料，但和红酒不同，白酒在以水果作原料时，必须除去其表皮。

以上信息最能支持以下哪项结论？

A. 用作制酒的葡萄的表皮都是红色的。

B. 经常喝白酒会增加血液中的胆固醇。

C. 食用葡萄本身比饮用由葡萄制作的红酒或葡萄汁更有利于减少血液中的胆固醇。

D. 能有效地减少血液中胆固醇的化学物质，只存在于葡萄之中，不存在于粮食作物之中。

E. 能有效地减少血液中胆固醇的化学物质，只存在于葡萄的表皮之中，而不存在于葡萄的其他部分中。

解析：答案为D。

根据"这种物质也存在于各类红酒和葡萄汁中，但白酒中不存在"以及"和红酒不同，白酒在以水果作原料时，必须除去其表皮"可知，有无表皮这一差异与有无那种物质相对应，综合所有信息可合理推测，前者造成了后者。

2.3 求同求异并用法

求同求异并用法，也叫契合差异并用法，其基本内容是，在被研究现象出现的若干场合（正事例组）中，如果只有一个共同的情况，而在被研究现象不出现的若干场合（负事例组）中，却没有这个情况，其他情况不尽相同，那么这个唯一共同的情况，就是被研究现象的原因。

以下是求同求异并用法的推理模式：

场合		先行情况	后继现象
正事例组	（1）	A，B，C，D	a
	（2）	A，B，E，G	a
	（3）	A，F，H，K	a
	……	……	……
负事例组	（1）	—，B，E，H	—
	（2）	—，C，E，F	—
	（3）	—，D，E，K	—
	……	……	……

所以，A是a的原因

科学研究中也常使用求同求异并用法。例如，人们发现，种植大豆、豌豆、蚕豆等豆类植物时，不仅不需要给土壤施氮肥，而且这些豆类植物还可以使土壤中的含氮量增加。但在种植小麦、玉米、水稻等非豆类植物时没有这种现象。经过研究后发现，这些豆类植物的根部长有根瘤，而其他植物则没有，于是人们得出结论：豆类植物的根瘤能使土壤的含氮量增加。这里人们运用了求同求异并用法。在正事例组，也就是土壤中的含氮量增加的场合，植物、土壤、施肥有不同，但有一个共同的先行情况，植物属豆类，有根瘤。此处有一次求同。在负事例组，后继现象不出现的场合，先行情况有多种，但有一个共同的先行情况，植物不属豆类，没有根瘤。这里也有一次求同。最后比较这两组，发现差异：有无先行情况，相应地有无后继现象。这次是求异。

使用求同求异并用法，为提高结论的可靠性，应注意以下两个方面。首先，尽可能考察多的正事例组与负事例组。其次，应选择与正事例组场合较为相似的负事例组来进行比较。因为负事例组场合无限多，它们对于探求被研究现象的原因并不都是有意义的。负事例组场合的情况与正事例组场合的情况越相似，结论的可靠性就越大。

2.4 共变法

共变法的基本内容是，在被研究现象发生变化的各个场合中，发现只有一个情况是变化着的，其他情况保持不变，那么这个唯一变化着的情况，就是被研究现象的原因。

以下是共变法的推理模式：

场合	先行情况	后继现象
（1）	A_1, B, C, D	a_1
（2）	A_2, B, C, D	a_2
（3）	A_3, B, C, D	a_3
……	……	……

所以，A是a的原因

共变法是从先行情况与后继现象的量变相关推出有因果联系。这个特点使得在某些无法消除或很难消除先行情况因而无法使用之前三种方法的场合中，可运用共变法。例如，作用于物体的外力是无法消除的，但可根据力的大小变化与物体的运动变化的相关性运用共变法来确定力与物体运动的关系。

使用共变法要注意两点。第一，先行情况中只能有一个发生变化。例如，在相同的压强下，温度增高，则气体体积膨胀，温度增高越多，气体体积膨胀的幅度越大；温度下降，则气体体积缩小，温度下降越多，气体体积缩小的幅度越大。由此根据共变法推出温度升降与气体体积膨胀、缩小之间有因果关联。但是，如果压强发生变化，如压强增大，则即使温度升高，气体体积也不会膨胀，而是会缩小。此时如果推断温度升降与气体体积膨胀、缩小之间有因果关联就是错误的，因为有另一个先行情况发生变化。

第二，先行情况与后继现象的共变是在一定的限度内，超过限度就会失掉原来的共变关系。如适当多吃肉类食物会增进健康，但是超出了适当的量，吃过多的肉类食物反而会损害健康。

问题与思考：

在司法审判中，所谓肯定性误判是指把无罪者判为有罪，否定性误判是指把有罪判为无罪。肯定性误判就是所谓的错判，否定性误判就是所谓的错放。而司法公正的根本原则是不放过一个罪犯，但也不冤枉一个没有犯罪的人。某法学家认为，目前，衡量一个法院在办案中对司法公正的原则贯彻得是否足够好，就看它的肯定性误判率是否足够低。

以下哪项如果为真，能最有力地支持上述法学家的观点？

A. 错放，只是放过了坏人；错判，则是既放过了坏人，又冤枉了好人。

B. 宁可错判，不可错放，是"左"的思想在司法界的反映。

C. 各个法院的否定性误判率基本相同。

D. 各个法院的办案正确率普遍有明显的提高。

E. 错放造成的损失，大多是可弥补的；错判对被害人造成的伤害，是不可弥补的。

解析：答案为C。

根据司法公正的根本原则是不放过一个罪犯，但也不冤枉一个没有犯罪的人。所以，肯定性误判与否定性误判都是衡量一个法院在办案中对司法公正的原则贯彻得是否足够好所需要考虑的。但法学家认为，目前，需要肯定性误判率足够低。显然，另一个因素不需要考虑是因为各个法院在这方面没有差异。

2.5　剩余法

剩余法的基本内容是，已知一复合情况是一复合现象的原因，并且还知道复合情况的某一部分是复合现象中的某一部分的原因，那么复合情况的剩余部分，就是复合现象的剩余部分的原因。

以下是剩余法的推理模式：

复合情况（A，B，C，D）是复合现象（a，b，c，d）的原因

A是a的原因

B是b的原因

C是c的原因

_____

所以，D是d的原因

科学史上有许多成功运用剩余法作出重大发现的例子，例如海王星与冥王星的发现。早期天文学家在观测天王星时发现，其运行轨道与计算出来的结果有偏离。根据牛顿力学，物体动量的变化率等于作用于这个物体上的合力。也就是说，为了计算天王星的动量以及它的位置，必须知道所有作用于天王星上的力。有三个方向的偏离是由三个已知星体引力造成的，但是这些不足以解释它的观测位置与预测位置间的差异，还有一个方向的偏离原因不明。法国数学家韦里耶（Verrier，1811—1877）认为，既然三个方向的偏离是由太阳和两个行星的引力造成的，那么剩余的一个方

向的偏离也应为另一个未知的行星引力造成的。他根据天体力学计算并预测了未知行星的大小及运行轨道，并将这些推理计算过程写成论文。1846年9月18日，他将论文寄给了柏林天文台的德国天文学家加勒（Galle，1812—1910），9月23日，加勒收到了韦里耶的论文。当天晚上，他就将望远镜对准了韦里耶所说的天区，发现了海王星。天文学家用同样的方法在1930年1月发现了冥王星。

使用剩余法要注意以下两点。第一，必须确认复合情况的一部分（A，B，C）是复合现象（a，b，c）的原因，而不是复合现象剩余部分（d）的原因，否则就无法断定复合情况（D）与复合现象（d）一定有因果联系。第二，复合情况的剩余部分（D）不一定是一个单一情况，而可能是个复杂情况。在这种情况下，必须进一步研究，探求剩余部分的准确原因。

3. 类比推理

类比推理，是根据两个或两类对象在一系列属性上相同或相似，推出它们在其他属性上也相同或相似的推理方法。类比推理的模式如下：

A对象具有属性a、b、c、d

B对象具有属性a、b、c

所以，B对象具有属性d

人们将a、b、c称为共有属性，称d为推出属性。

类比推理是探求新知的重要方法，科学史上的许多重要发现以及人们日常的生活与生产中的发明创造与技术改进都是借助类比推理而获得的。例如，我国的塔里木河流域过去并不种植长绒棉。技术人员了解到，种植长绒棉需要日照长、霜期短、气温高、雨量适度等条件，而且中亚的乌兹别克地区具有这些条件，乌兹别克地区能种植长绒棉。塔里木河流域有和乌兹别克地区相似的条件，因此，技术人员推断，塔里木河两岸也可种植长绒棉。于是人们在塔里木河流域引进种植长绒棉，获得成功。这是一个使用类比推理改进农业生产的案例。其推理过程可用标准的类比推理模式表示如下：

中亚的乌兹别克地区和我国的塔里木河流域都具有日照长、霜期短、气温高、雨量适度等条件；

中亚的乌兹别克地区能种植长绒棉；

所以，中国的塔里木河地区也能种植长绒棉。

英国物理学家托马斯·杨（Thomas Young，1773—1829）提出光的波动理论也受益于类比推理。杨爱好乐器，擅长演奏，对声波有深入的研究，他运用类比推理，比较了声与光具有的现象。声有直线传播、反射和折射等现象，特别是它有干涉现象，其原因在于它的波动性；而光也有直线传播、反射和折射等现象，特别是它也有干涉现象。所以，光可能具有波动性。

法国物理学家德布罗意（de Broglie，1892—11987）运用类比推理，进一步提出物质波理论。他比较光学现象和力学现象：光的运动服从光线最短路程原理，经典力学中，质点运动服从力学最小作用原理。而已知光具有波粒二象性，由此他推测物质粒子也有二象性。在此基础上他将物质粒子和光作了进一步类比，预言了物质波的波长，提出了物质波理论。

不过，类比推理是或然性推理，不具有保真性。科学家曾经根据地球与火星在一系列属性上相同——例如它们都是太阳系的大行星，都有水分，都有大气层，等等，同时地球上有高等动物，推断火星上也有高等生物。但通过后来对火星更多更先进的探测发现，这个推断是错误的。因为火星上大气层极为稀薄，含氧量极少，温差大，这些特点使得高等动物无法生存。

为提高类比推理结论的可靠性程度，应注意以下两个方面。首先，在前提中提供尽可能多的共同属性。其次，从共有属性到推出属性的得出尽可能地使用具有更高稳定性的内在属性或规律，避免使用偶然性的关联。所以，如果共有属性与推出属性均为事物的本质属性，结论的可靠性就较高。如果共有属性与推出属性的内存关联性越强，结论的可靠性就越高。反之，如果二者只是表面上的相同或相似，而由此推断两类事物在其他属性上也相同或相似，就容易犯机械类比的错误。

第二节　论证理论

一、论证的定义及其结构

获取知识有两种途径：一种是通过感知或实验，另一种是通过推理论证。论证是根据已知为真的命题通过某种推理形式确定某一命题真实性的思维形式。例如：

喜马拉雅山脉在过去的地质年代曾是茫茫一片的汪洋大海。地质学一再证明：凡是有水生生物化石的地层，都是地质史上的古海洋地区。喜马拉雅山脉的地层遍布了珊瑚、苔藓、海藻、鱼龙、海百合等化石。可见，喜马拉雅山脉在过去的地质年代里，曾经被海洋淹没过。

论证由论点（亦称论题）、论据以及论证方式三部分构成，称为论证三要素。其中，论点是其真实性被当下论证所要确定的命题。上例中的"喜马拉雅山脉在过去的地质年代曾是茫茫一片的汪洋大海"就是论点。

论据是用来确定论点真实性的命题。上例中论据是：凡是有水生生物化石的地层，都是地质史上的古海洋地区。喜马拉雅山脉的地层遍布了珊瑚、苔藓、海藻、鱼龙、海百合等化石。

论据可以是已经被确认的相关事实，也可以是科学上已经证明了的广为接受的原理、定理或定律等。

论证方式是从论据推出论点所用的推理形式。上例所用的论证方式是三段论。

二、正确论证的基本原则——充足理由原则

充足理由原则是由德国数学家和哲学家莱布尼茨（Leibniz，1646—1716）和同为德国数学家和哲学家的沃尔夫（Wollf，1679—1754）提出。其基本内容是：在思维过程中，任何正确的思想必然有其充足理由。这一原则对论证提出了如下要求：理由（论据）必须真实而且充分。传统逻辑一般将其表示为：命题A真，因为B真并且B能推出A。

违反充足理由原则的错误有两类，以下分别阐述。

一类是有关理由的真实性错误。这包括"虚假理由""预期理由""乞题"等类型。"虚假理由"是指以虚假的命题为论据。"预期理由"指论据的真实性本身待证。"乞题"，也叫"循环论证"，是直接或间接使用论点来证明论点。例如：流产会造成人的非法死亡，所以这是谋杀。谋杀是非法的，所以流产是非法的。以上论证"流产是非法的"的论据包含命题"流产会造成人的非法死亡"，隐含或默认了所要证明的论点。

另一类错误涉及论据与论点之差的推出关系，是关于理由的充分性。论证所使用的推理形式如果是正确的演绎推理形式，就满足了充分性；如果是错误的演绎推理形式，就没有满足充分性。如果是使用不完全归纳推理或类比推理，充分性方面的要求就是指应当仔细考察论据材料的数量与代表性、共有属性与推出属性之间的关联性，并且注意考察发现可能有的反例。做到了这些，我们也认为达到了论证的充分性方面的要求。

除了基本原则外，前面讲的三条逻辑基本规律对论证也适应，论证也

要遵守相应的要求。尤其是对论点而言，同一律要求论点必须明确，而且始终保持同一。违反这一要求，论证就会犯论题不清、转移论题或偷换论题的错误。

三、论证的种类

我们可以根据所使用的推理形式将论证分为演绎论证、归纳论证与类比论证，也可以根据是否从论据直接得出论点将论证分为直接论证与间接论证。有关演绎论证、归纳论证与类比论证的内容，在前面推理理论部分已经讨论了。我们接下来主要讨论直接论证与间接论证。直接论证是从论据的真实性直接推出论点的真实性。如本节开头举的例子论证喜马拉雅山脉在过去的地质年代曾是茫茫一片的汪洋大海。这是一个直接论证。间接论证是通过确定论点以外的另一个或另一些命题的虚假，从而确定论点的真实性的论证。

间接论证通常有以下两种形式。

1. 反证法

反证法是通过确定与论点具有矛盾关系或下反对关系的命题虚假，从而确定论点真实性的论证方法。其一般方法是，先假设论点为假，由此得到与其具有矛盾关系或下反对关系的命题为真，进而根据事实或推理论证后者为真将导出矛盾，从而否定假设，得出论点为真。

例如，有的语句是真的。假设这个论点为假。与之具有矛盾关系的命题"所有语句是假的"为真。但由"所有语句是假的"为真可推出其为假，产生矛盾。所以，假设不成立，因而论点"有的语句是真的"得证。

反证法的论证过程可表示如下：

求证：p

证明：假设p不成立，即非p。（也可直接假设与其具有下反对关系

的命题为真）

如果非 p，那么 q

非 q（通过指出 q 与事实不符或推出矛盾）

所以 p（根据排中律）

2. 选言证法

选言证法是使用选言命题列举包括论点在内的各种可能情况，然后通过事实或推理排除除了论点以外的其他可能情况，从而确立论点真实性的论证方法。

毛泽东在《论持久战》中分析抗日战争的形势就使用了选言证法。抗日战争结局有三种可能：中国失败亡国、迅速取得胜利、持久战后最终胜利。文章指出日本发动的侵略战争是退步的和野蛮的，必然最大地激起它国内的阶级对立、日本民族和中国民族的对立、日本和世界其他多数国家的对立。中国的抗战是进步的、正义的，能唤起全国的团结，激起敌国人民的同情，争取世界多数国家的援助。这就决定了日本战争必然失败，否定了第一种情况。同时，考虑到日本是一个强的帝国主义国家，它的军力、经济力和政治组织力在东方是最强的，这决定了抗日战争不能速胜。于是排除了第二种情况速胜论。这时就只剩下第三种情况持久战。这种分析方法就是选言证法。文章还进一步详细分析对比了中国与日本两国的国力情况。文章认为，日本地小，其人力、军力、财力、物力自身经不起长期的战争，而中国是一个很大的国家，地大、物博、人多、兵多，能够支持长期的战争，又有中国共产党及其领导的军队这种进步因素的代表。这属于从正面论证持久战的可行性，增强了说服力。综合起来，文章雄辩地表明，中国抗日战争是一场持久战而且最终会取得胜利。

选言证法的论证过程可表示如下：

求证：p

证明：或者 p，或者 q，或者 r（穷尽了所有的可能）

非 q

非 r

————————————

所以，p

有时，论证不是证明某一命题为真，而是证明另一个论证不成立。我们称这种论证为反驳。所以，反驳是一种特殊的论证。反驳一个论证可以有三种途径：反驳论点、反驳论据和反驳论证方式。要注意，如果要证明一个论证的论点不成立，只能采取第一种途径。后面两种途径，即使分别成功地反驳了论据与论证方式，也不足以说明所反驳的论点为假，只能证明对方的论证不成立。

反驳论点（或论据）也就是证明对方论点（或论据）的虚假性，可以根据事实或原理直接推出对方论点（或论据）为假。这叫直接反驳。与之相对的是间接反驳：先证明与所要反驳的观点具有矛盾关系或反对关系的命题为真，从而证明所反驳的观点为假。

这里我们着重探讨一种重要的反驳方法，归谬法。归谬法在日常生活和科学探索中有着广泛的运用。它是由假设所要反驳的观点为真，推出与已知事实或原理相矛盾的结论，从而证明假设不成立，达到证明所反驳的观点为假的目的。归谬法的结构可以表示如下：

求证：非 p（反驳 p）

假设 p 真

如果 p，那么 q

非 q

————————————

所以，非 p

下面的故事是运用归谬法的一个例子。

甲与乙两人路上相遇，闲聊对话如下：

甲曰："家下有鼓一面，每击之，声闻百里。"

乙曰："家下有牛一只，江南吃水，头直靠江北。"

甲摇头曰："哪有此牛？"

乙曰："不是这一只牛，怎漫得这一面鼓？"

此处乙用归谬法驳斥了甲。如果甲说的真，那就要有这样一头牛，既然甲不认同有这样一头牛，那甲自己所说的这么一面鼓也是不可能有的。

问题与思考：

语言不能生产物质财富，如果语言能够生产物质财富，那么夸夸其谈的人就会成为世界上的富翁了。

下面哪项论证在方式上与上述论证最类似？

A. 人在自己的生活中不能不尊重规律，如果违背规律，就会受到规律的无情惩罚。

B. 加强税法宣传十分重要，这样做可以普及税法知识，增强人们的纳税意识，增加国家财政收入。

C. 有些近体诗是要求对仗的，因为有些近体诗是律诗，而所有律诗都是要求对仗的。

D. 风水先生惯说空，指南指北指西东，倘若真有龙虎地，何不当年葬乃翁。

E. 金属都具有导电的性质，因为我们研究了金、银、铜、铁等金属，发现它们都能导电。

解析：答案为D。

题干使用了归谬法。D选项正是使用了归谬法。A选项是反证法。B选项是直接论证法。C选项是演绎法。E选项是归纳法。综上所述，答案是D。

问题与思考：

湖队是不可能进入决赛的。如果湖队进入决赛，那么太阳就从西边出来了。

以下哪项与上述论证方式最相似？

A. 今天天气不冷。如果冷，湖面怎么结冰了？

B. 语言是不能创造物质财富的。若语言能够创造物质财富，则夸夸其谈的人就是世界上最富有的了。

C. 草木之生也柔脆，其死也枯槁。故坚强者死之徒，柔弱者生之徒。

D. 天上是不会掉馅饼的。如果你不相信这一点，那上当受骗是迟早的事。

E. 古典音乐不流行。如果流行，那就说明大众的音乐欣赏水平大大提高了。

解析：答案为B。

A、D、E选项是归谬法的形式，但是使用错误，没有归谬。B选项是归谬法且使用正确。C选项是直接证明法。综上所述，答案是B。

第三节　非形式论证

日常生活中我们所接触的论证都是使用自然语言表达的，其论证效力通常不能仅仅根据逻辑常项就能得到完全的解析，而是还需要解读非逻辑常项的意义。这种类型的论证可以称为非形式论证。因为不能抽取一般的形式结构，对非形式论证的效力研究就只能大致从加强与削弱两个方面开展。本节通过案例，将这两个方面进一步细化为理解主题、评价论证、论证隐含的假设、加强论证、避免逻辑漏洞以及削弱与质疑论证六个方面。为方便讨论，本节选取的案例都是单一前提单一结论或多前提单一结论类型的论证。显然，就上述六个方面，以下对简单案例的分析同样适用于更复杂的论证。下一节就复杂性对论证的结构专门作讨论。

一、理解主题

无论是日常生活里还是学术研究中，常出现观点不一而引发争辩与讨论。争辩论证的第一步是确认主题，也就是找到那个双方对其分别采取是与否从而展开争辩的命题。下面通过若干实例加以剖析。

问题与思考：

人们已经认识到，除了人以外，一些高级生物不仅能适应环境，而且能改变环境以利于自己的生存。其实，这种特性很普遍。例如，一些低级浮游生物会产生一种气体，这种气体在大气层中转化为硫酸盐颗粒，这些颗粒使水蒸气浓缩而形成云。事实上，海洋上空的云层的形成很大程度上依赖于这种颗粒。较厚的云层意味着较多的阳光被遮挡，意味着地球吸收较少的热量。因此，这些浮游生物使得地球变得凉爽，而这有利于它们的生存，当然也有利于人类。

以下哪项最为准确地概括了上述议论的主题？

A. 为了改变地球的温室效应，人类应当保护浮游生物。

B. 并非只有高级生物才能改变环境以利于自己的生存。

C. 一些浮游生物通过改变环境以利于自己的生存，同时也造福于人类。

D. 海洋上空云层形成的规模，很大程度上取决于海洋中浮游生物的数量。

E. 低等生物以对其他种类的生物无害的方式改变环境，而高等生物则往往相反。

解析：答案为B。

题干叙述了一些浮游生物通过改变环境以利于自己的生存，得出使地球变得凉爽，有利于浮游生物的生存，也有利于人类的结论。选项A与温室效应无关。选项B，由题干的结论可以总结出：并非只有高级生物才能改变环境以利于自己的生存。因此，B选项概括的是题干的主题。C选项概括的不是主题，而是题干中的已知事实。D、E均为无关选项。故答案为B。

问题与思考：

陈先生：未经许可侵入别人的电脑，就好像开偷来的汽车撞伤了人，这些都是犯罪行为。但后者性质更严重，因为它既侵占了有形财产，又造成了人身伤害；而前者只是在虚拟世界中捣乱。

林女士：我不同意。例如，非法侵入医院的电脑，有可能扰乱医疗数据，甚至危及病人的生命。因此，非法侵入电脑同样会造成人身伤害。

以下哪项最为准确地概括了两人争论的焦点？

A. 非法侵入别人电脑和开偷来的汽车是否同样会危及人的生命？

B. 非法侵入别人电脑和开偷来的汽车伤人是否同样构成犯罪？

C. 非法侵入别人电脑和开偷来的汽车伤人是否是同样性质的犯罪？

D. 非法侵入别人电脑犯罪性质是否和开偷来的汽车伤人一样的严重？

E. 是否只有侵占有形财产才构成犯罪？

解析：答案为D。

陈先生与林女士争论的焦点在于陈先生的结论：在未经许可侵入别人的电脑与开偷来的汽车撞伤了人二者中，后者性质更严重。D选项最准确地概括了两人争论的焦点。

问题与思考：

陈先生：有的学者认为，蜜蜂飞舞时发出的嗡嗡声是一种交流方式，例如蜜蜂在采花粉时发出的嗡嗡声，是在给同一蜂房的伙伴传递它们正在采花粉位置的信息。但事实上，蜜蜂不必通过这样费劲的方式来传递这样的信息。它们从采花粉处飞回蜂房时留下的气味踪迹，足以引导同伴找到采花粉的地方。

贾女士：我不完全同意你的看法。许多动物在完成某种任务时都可以有多种方式。例如，有些蜂类可以根据太阳的位置，也可以根据地理特征来辨别方位。同样，对于蜜蜂来说，气味踪迹只是它们的一种交流方式，而不是唯一的交流方式。

以下哪项最为恰当地概括了陈先生和贾女士所争论的问题？

A. 关于动物行为方式的一般性理论，是否能只基于对某种动物的研究？

B. 蜜蜂飞舞时发出的嗡嗡声是否可以有多种不同的解释？

C. 是否只有蜜蜂才有能力向同伴传递位置信息？

D. 蜜蜂在采花粉时发出的嗡嗡声，是否在给同一蜂房的伙伴传递所在位置的信息？

E. 气味踪迹是否为蜜蜂的主要交流方式？

解析：答案为D。

陈先生认为，蜜蜂飞舞时发出的嗡嗡声，并不是在给同一蜂房的伙伴传递它们正在采花粉位置的信息，其理由是：蜜蜂从采花粉处飞回蜂房时留下的气味踪迹，足以引导同伴找到采花粉的地方。贾女士认为，动物在完成某种任务时都可以有多种方式。因此，不能仅根据蜜蜂从采花粉处飞回蜂房时留下的气味踪迹足以引导同伴找到采花粉的地方，就得出结论：蜜蜂飞舞时发出的嗡嗡声不是在给同一蜂房的伙伴传递它们正在采花粉位置的信息。因此，两人所争论的问题是：蜜蜂在采花粉时发出的嗡嗡声，是否在给同一蜂房的伙伴传递所在位置的信息。

问题与思考：

总经理：快速而准确地处理订单是一项关键商务。为了增加利润，我们应当用电子方式而不是继续用人工方式处理客户订单，因为这样订单可以直接到达公司相关业务部门。

董事长：如果用电子方式处理订单，我们一定会赔钱。因为大多数客户喜欢通过与人打交道来处理订单。如果转用电子方式，我们的生意就会失去人情味，就难以吸引更多的客户。

以下哪项最为恰当地概括了上述争论的问题？

A. 转用电子方式处理订单是否不利于保持生意的人情味？

B. 用电子方式处理订单是否比人工方式更为快速和准确？

C. 转用电子方式处理订单是否有利于提高商业利润？

D. 快速而准确地运作方式是否一定能提高商业利润？

E. 客户喜欢用何种方式处理订单？

解析：答案为C。

根据对话知，对于转用电子方式处理订单是否有利于提高商业利润，总经理认为是，而董事长则认为否。所以答案为C。

二、评价论证

在明确了论证的论题之后，接下来需要分析评估论证的效力。

在一个较为复杂的论证过程中，可能既运用了演绎推理形式，也运用了归纳推理形式。这样的论证，我们称为演绎推理和归纳推理的综合运用。

论证中所涉及的基本要素和推理类型，可用下列路线图来进行认识（图12）[1]。

---

[1] 转引自[加]董毓：《批判性思维原理和方法——走向新的认知和实践》，高等教育出版社2010年版，第68页。

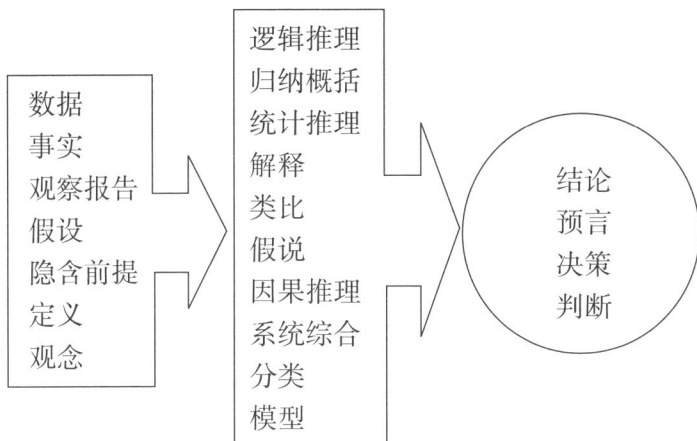

图12

上图中的"结论、预言、决策、判断"相当于论证中的论题。"数据、事实、观察报告、假设、隐含前提、定义、观念"等都相当于论证中的前提即论据,包括事实论据和理论论据。"逻辑推理、归纳概括、统计推理、解释、类比、假说、因果推理、系统综合、分类、模型"等则相当于论证过程中所应用到的各种具体的推理类型和各种不同的推理方法。

总的来说,评价论证的有效性,就是根据前文所论述的充足理由原则,从前提的真实性和从前提得出结论的充足性两个方面分析。后者是显示论证说服力的关键所在,为批判性理论考察的重点。但是具体到论证个案,情况千差万别。以下我们通过案例分析,给出评估论证的视角。

问题与思考:

随着年龄的增长,人体对卡路里的日需求量逐渐减少,对维生素和微量元素的需求却日益增多。因此,为了摄取足够的维生素和微量元素,老年人应当服用一些补充维生素和微量元素的保健品,或者应当注意比年轻时食用更多的含有维生素和微量元素的食物。

为了对上述断定作出评价,回答以下哪个问题最为重要?

A. 对老年人来说,人体对卡路里需求量的减少幅度,是否小于对维生素和微量元素需求量的增加幅度？

B. 保健品中的维生素和微量元素，是否比日常食品中的维生素和微量元素更易被人体吸收？

C. 缺乏维生素和微量元素所造成的后果，对老年人是否比对年轻人更严重？

D. 一般地说，年轻人的日常食物中的维生素和微量元素含量，是否较多地超过人体的实际需求？

E. 保健品是否会产生危害健康的副作用？

解析：答案为D。

题干断定，为了摄取足够的维生素和微量元素，老年人应当注意比年轻时食用更多的含有维生素和微量元素的食物。上述断定"应食用更多"成立的关键在于原来的量是恰当的。D选项指出了这一点。

问题与思考：

研究者调查了一组大学毕业即从事有规律的工作正好满8年的白领，发现他们的体重比刚毕业时平均增加了8公斤。研究者由此得出结论，有规律的工作会增加人们的体重。

关于上述结论的正确性，需要询问的关键问题是以下哪项？

A. 和该组调查对象其他情况相仿且经常进行体育锻炼的人，在同样的8年中体重有怎样的变化？

B. 该组调查对象的体重在8年后是否会继续增加？

C. 为什么调查关注的时间段是对象在毕业工作后8年，而不是7年或者9年？

D. 该组调查对象中男性和女性的体重增加是否有较大差异？

E. 和该组调查对象其他情况相仿但没有从事有规律的工作的人，在同样的8年中体重有怎样的变化？

解析：答案为E。

题干的结论是：有规律的工作会增加人们的体重。根据是，调查了从事有规律的工作的人有此现象。要支持题干的结论，也就是有规律的工作与此现象是否有因果关联，就要考虑去掉所假设的因，看是否仍然有此现象，即设置对照组。E指出了这一点。

问题与思考：

任何一篇译文都带有译者的行文风格。有时，为了及时地翻译出一篇公文，需要几个笔译同时工作，每人负责翻译其中的一部分。在这种情况下，译文的风格往往显得不协调。与此相比，用于语言翻译的计算机程序显示出优势：准确率不低于人工笔译，但速度比人工笔译快得多，并且能保持译文风格的统一。所以，为及时译出那些较长的公文，最好使用机译而不是人工笔译。

为对上述论证作出评价，回答以下哪个问题最不重要？

A. 是否可以通过对行文风格的统一要求，来避免或至少减少合作译文在风格上的不协调？

B. 不同的计算机翻译程序，是否也和不同的人工译者一样，会具有不同的行文风格？

C. 机译的准确率是否同样不低于翻译专家的笔译？

D. 日常语言表达中是否存在由特殊语境决定的含义，这些含义只有靠人的头脑，而不能靠计算机程序把握？

E. 根据何种标准可以准确地判定一篇译文的准确率？

解析：答案为B。

题干陈述了一个论证。结论是：为及时译出那些较长的公文，最好使用机译而不是人工笔译。论据是机译相对人工笔译的几个长处：保持译文风格的统一；较快的速度；较高的准确率。A与C两选项提出的问题涉及题干论据的真实性；D选项涉及人工笔译相对机译的某个长处，因而都和对题干论证的评价相关。

B选项涉及的问题和评价题干的论证无关，因为每篇公文的机译在正常情况下是由同一计算机翻译程序完成的，因此，即使不同的计算机翻译程序有不同的风格，也不会影响同一篇译文在行文风格上的统一。

三、论证隐含的假设

在评价论证时，发现隐含的假设是需要重点考察的一项内容。要注意区分必要性假设和充分性假设。前者是指这样一类假设：若假设不成立，则论证就不成立；后者是指这样一类假设：若假设成立，则论证就成立。

问题与思考：

钟医生："通常，医学研究的重要成果在杂志发表之前需要匿名评审，这需要耗费不少时间。如果研究者能放弃这段等待时间而事先公开其成果，我们的公共卫生水平就可以伴随着医学发现更快获得提高。因为新医学信息的及时公布将允许人们利用这些信息提高他们的健康水平。"

以下哪项最可能是钟医生论证所依赖的假设？

A. 即使医学论文还没有在杂志发表，人们还是会使用已公开的相关新信息。

B. 因为工作繁忙，许多医学研究者不愿成为论文评审者。

C. 首次发表于匿名评审杂志的新医学信息一般无法引起公众的注意。

D. 许多医学杂志的论文评审者本身并不是医学研究专家。

E. 部分医学研究者愿意放弃在杂志上发表，而选择事先公开其成果。

解析：答案为A。

题干指出钟医生的观点：如果研究者能放弃这段等待时间而事先公开其成果，我们的公共卫生水平就可以伴随着医学发现更快获得提高。理由是新医学信息的及时公布将允许人们利用这些信息提高他们的健康水平。但允许人们利用未公开发表的成果并不等于人们实际会使用这些成果。而如果人们不愿意使用，那么钟医生所断言的公共卫生水平就可以伴随着医学发现更快获得提高就落空了。选项A指出了这一点。

问题与思考：

在某条单向行驶的公路上，在一个小时中，一架"电子眼"共摄下50辆超速的汽车的照片。从这架"电子眼"出发，在这条公路前方的1公里处，一批交通警察于隐蔽处在进行目测超速汽车能力的测试。在上述同一个小时中，某个警察测定，共有25辆汽车超速通过。由于经过电子眼的汽车一定经过目测处，因此，可以推定，这个警察的目测超速汽车的准确率不高于50%。

以下哪项假设能使题干的论证成立？

A. 在该警察测定为超速的汽车中，包括在电子眼处不超速而到目测处超速的汽车。

B. 在该警察测定为超速的汽车中，包括在电子眼处超速而到目测处不超速的汽车。

C. 在上述时间中，在电子眼前不超速的汽车，到目测处不会超速。

D. 在上述时间中，在电子眼前超速的汽车，都超速通过目测处。

E. 在上述一个小时中，通过目测处的非超速汽车一定超过25辆。

解析：答案为D。

如果D选项为真，则在目测处超速的汽车不会少于50辆，因此，上述警察的目测准确率不可能高于50%，即题干的论证成立。

问题与思考：

某纺织厂从国外引进了一套自动质量检验设备。开始使用该设备的10月份和11月份，产品的质量不合格率由9月份的0.04%分别提高到0.07%和

0.06%。因此，使用该设备对减少该厂的不合格产品进入市场起到了重要的作用。

上述论证基于以下哪项假设？

A. 上述设备检测为不合格的产品中，没有一件事实上合格。

B. 上述设备检测为合格的产品中，没有一件事实上不合格。

C. 9月份检测为合格的产品中，至少有一些事实上不合格。

D. 9月份检测为不合格的产品中，至少有一些事实上合格。

E. 上述设备是国内目前同类设备中最先进的。

解析：答案是C。

为使题干的论证成立，C选项显然是必须假设的。否则，9月份就没有不合格的产品漏检，题干的论证就不能成立。

问题与思考：

由垃圾渗出物所导致的污染问题，在那些人均产值为每年4000至5000美元之间的国家最严重，相对贫穷或富裕的国家倒没有那么严重。工业发展在起步阶段，其污染问题都比较严重，当工业发展能创造出足够多的手段来处理这类问题时，污染问题就会减少。目前X国的人均产值是每年5000美元，未来几年，X国由垃圾渗出物引起的污染会逐渐减少。

以下哪项假设能使上述结论合乎逻辑地得出？

A. 在随后几年里，X国将对不合法的垃圾处理制定罚款制度。

B. 在随后几年里，X国周边国家将减少排放到空气和水中的污染物。

C. 在随后几年里，X国的工业发展将有足够大的增长。

D. 在随后几年里，X国的工业化进程将会受到治理污染问题的影响。

E. 在随后几年里，X国政府将加大对环境污染的惩治力度。

解析：答案为C。

题干断定，当工业发展能创造出足够多的手段来处理垃圾渗出物所导致的问题时，污染问题就会减少。题干又断定，X国的人均产值是每年5000美元，接近相对富裕的水平。因此，如果在随后几年里，X国的工业发展能有足够大的增长，则X国由垃圾渗出物引起的污染就会逐渐减少。

问题与思考：

如果把上题的问句改为"为使上述论证成立，以下哪项必须假设"，应该如何选择答案？

解析：如果问句作上述修改，则没有正确答案。因为即使没有必须假设的，题干的论证仍然可以成立。例如，假设X国由于某种天灾人祸，倒退为贫穷国家。

问题与解析：

委员会成员：作为一名长期的大学信托委员会的成员，我认为在过去的时间里该委员会运作得很好，因为它的每一个成员都有丰富的精力和兴趣，因此，如果将来有些成员被选举主要是为了坚持要求某一政策，如减少学费，那么这个委员会就不再会起那么好的作用。

该委员会成员在得出上述结论的时候，假设了下面哪一项？

A. 如果委员会减少学费，大学将在经济上受损失。

B. 如果委员会运行得不如现在好，大学将无法运作。

C. 委员会之所以起了很好的作用，是因为它的成员主要兴趣在于某一学术政策而非经济政策，例如学费水平。

D. 被选为委员会的成员必须有广泛的精力和兴趣。

E. 每一个被选入委员会并且主要坚持要求制定某一政策的人都缺乏丰富的精力和兴趣。

解析：答案为E。

题干从前提——信托委员会过去运作得很好，因为每一个成员都有丰富的精力和兴趣，推出结论——如果有些成员坚持要求某一政策，那么信托委员会不再会起好的作用。前提中的理由和结论中的假设之间缺少关联。要使得推出关系成立，需要添加这种关联。所以E为正确选项。

四、加强论证

通常的数学定理证明，一旦完成，就几乎没有被质疑的可能。而在日常生活和哲学与人文社科领域中，论证的力度难有百分之百。正、反双方总是尽可能地完善加强已经有的论证，使自己的论证更有效力，更具说服力。因此，加强论证是完善论证工作的一个重要环节。

问题与思考：

爱尔兰有大片泥煤蕴藏量丰富的湿地。环境保护主义者一直反对在湿地区域采煤。他们的理由是开采泥煤会破坏爱尔兰湿地的生态平衡，其直接严重后果是会污染水源。这一担心是站不住脚的。据近50年的相关统计，从未发现过因采煤而污染水源的报告。

以下哪项如果为真，最能加强题干的论证？

A. 在爱尔兰湿地采煤已有200年历史，其间从未污染水源。

B. 在爱尔兰，采煤湿地的生态环境和未采煤湿地没有实质性的不同。

C. 在爱尔兰，采煤湿地的生态环境和未开采前没有实质性的不同。

D. 爱尔兰具备足够的科技水平和财政支持来治理污染，保护生态。

E. 爱尔兰是世界上生态环境最佳的国家之一。

解析：答案为C。

题干要论证的结论是：环境保护主义者关于采煤会破坏爱尔兰湿地的生态平衡的担心是站不住脚的。在诸选项中，只有C选项如果为真，能得出结论：在湿地采煤并没有改变生态环境。其余各选项都能加强题干的论证，但都不能得出这一结论。例如，B选项如果为真，并不能保证在湿地采煤不改变生态环境，因为无法排除这种可能性：采煤湿地的生态环境虽然和未采煤湿地没有实质性的不同，却和自身未开采前的生态环境有实质性的不同。再如，A选项如果为真，只能加强题干的论据，却不能保证得出题干的结论。

问题与思考：

在两座"甲"字形大墓与圆形夯土台基之间，集中发现了5座马坑和一座长方形的车马坡。其中两座马坑各葬6匹马。一座坑内马骨架分南、北两排摆放整齐，前排2匹，后排4匹，由西向东依序摆放；另一座坑内马骨架摆放方式较特殊，6匹马两两成对或相背放置，头向不一。比较特殊的现象是在马坑的中间还放置了一个牛角，据此推测该马坑可能和祭祀有关。

以下哪项如果为真，最能支持上述推测？

A. 牛角是古代祭祀时的重要物件。

B. 祭祀时殉葬的马匹必须头向一致。

C. 6匹马是古代王公祭祀时的一种基本形制。

D. 只有在祭祀时，才在马坑中放置牛角。

E. 如果马骨摆放得比较杂乱，那一定是由于祭祀时混乱的场面造成的。

解析：答案为D。

题干推测马坑可能和祭祀有关这个结论，理由是，有一特殊的现象：在马坑的中间还放置了一个牛角。要使这一推测更可靠，一个自然想法是，放置牛角是祭祀的一个必要条件。选项D指出了这一点。

问题与思考：

自闭症会影响社会交往、语言交流和兴趣爱好等方面的行为。研究人员发现，实验鼠体内神经连接蛋白的蛋白质如果合成过多，会导致自闭症。由此他们认为，自闭症与神经连接蛋白的蛋白质合成量具有重要关联。

以下哪项如果为真，最能支持上述观点？

A. 生活在群体之中的实验鼠较之独处的实验鼠患自闭症的比例要小。

B. 如果将实验鼠控制蛋白质合成的关键基因去除，其体内的神经连接蛋白就会增加。

C. 雄性实验鼠患自闭症的比例是雌性实验鼠的5倍。

D. 抑制神经连接蛋白的蛋白质合成可缓解实验鼠的自闭症状。

E. 神经连接蛋白正常的老年实验鼠患自闭症的比例很低。

解析：答案为D。

研究人员由实验鼠体内神经连接蛋白的蛋白质如果合成过多会导致自闭症，推断自闭症与神经蛋白质有重要关联。要提高上述二者的因果关联推断的可靠性，一般会考虑改变先行情况考察后继现象是否也会相应地发生变化。选项D描述了这种相应变化。

问题与思考：

最新研究发现，恐龙腿骨化石都有一定的弯曲度，这意味着恐龙其实并没有人们想象的那么重，以前根据其腿骨为圆柱形的假定计算动物体重时，会使得计算结果比实际体重多出1.42倍。科学家由此认为，过去那种计算方式高估了恐龙腿部所能承受的最大身体重量。

以下哪项如果为真，最能支持上述科学家的观点？

A. 恐龙腿骨所能承受的重量比之前人们所认为的要大。

B. 恐龙身体越重，其腿部骨骼也越粗壮。

C. 圆柱形腿骨能承受的重量比弯曲的腿骨大。

D. 恐龙腿部的肌肉对于支撑其体重作用不大。

E. 与陆地上的恐龙相比，翼龙的腿骨更接近圆柱形。

解析：答案为C。

根据题干，以前按照腿骨为圆柱形计算，体重比实际重。而据化石，腿骨有弯曲度，由此推断实际体重比之前假定圆柱形的计算结果低。要使以上推断成立，要建立腿骨两种形状与承受的体重之间有相应的关联。选项C给出了这种关联。

问题与思考：

研究人员使用脑电图技术研究了母亲给婴儿唱童谣时两人的大脑活动，发现当母亲与婴儿对视时，双方的脑电波趋于同步，此时婴儿也会发出更多的声音尝试与母亲沟通。他们据此认为，母亲与婴儿对视有助于婴儿的学习和交流。

以下哪项为真，最能支持上述研究人员的观点？

A. 在两个成年人交流时，如果他们的脑电波同步，交流也会更顺畅。

B. 当父母与孩子互动时，双方的情绪与心率可能也会同步。

C. 当部分学生对某学科感兴趣时，他们的脑电波会渐趋同步，学习效果也随之提升。

D. 当母亲和婴儿对视时，他们都在发出信号，表明自己可以且愿意与对方交流。

E. 脑电波趋于同步可优化双方对话状态，使交流更加默契，增进彼此了解。

解析：答案为E。

题干描述母亲与婴儿对视，伴随其脑电波趋同，还伴有婴儿也会发出更多的声音尝试与母亲沟通。由此推出母亲与婴儿对视有助于婴儿的学习和交流。如果脑电波趋同和加强交流便利与默契有关联，就会使得刚才的推出关系更加可靠。选项E给出了这种关联。

五、避免逻辑漏洞

论证过程中出现的逻辑上的缺陷、纰漏，称为逻辑漏洞。我们一方面要努力避免自己论证出现逻辑漏洞，另一方面要精准快速地发现并抓住对方论证中的逻辑漏洞。

问题与思考：

按照上帝创世说，上帝在第一天创造了地球，第二天创造了月亮，第三天创造了太阳，因此，地球存在的头三天没有太阳。

以下哪项最为确切地指出了上述断定的逻辑漏洞？

A. 没有太阳，一片漆黑，上帝如何创造地球？

B. 上帝创世说是一种宗教想象，完全没有科学依据。

C. 上述断定带着地球中心说的痕迹，在科学史上，地球中心说早被证明是错误的。

D. "一天"的概念是由太阳对于地球的起落周期来定义的。

E. 众所周知，没有太阳就没有万物。

解析：答案为D。

题干得出的结论为"地球存在的头三天没有太阳"，而"天"的定义依赖太阳，没有太阳，也就没有"头三天"的概念。选项D指出了题干论证的这一漏洞。

问题与思考：

一些人类学家认为，如果不具备应付各种自然环境的能力，人类在史前年代不可能幸存下来。然而相当多的证据表明，阿法种南猿，一种与早期人类有关的史前物种，在各种自然环境中顽强生存的能力并不亚于史前人类，但最终灭绝了。因此，人类学家的上述观点是错误的。

上述推理的漏洞也类似地出现在以下哪项中？

A. 大张认识到赌博是有害的，但就是改不掉。因此，"不认识错误就不能改正错误"这一断定是不成立的。

B. 已经找到了证明造成艾克矿难是操作失误的证据。因此，关于艾克矿难起因于设备老化、年久失修的猜测是不成立的。

C. 大李图便宜，买了双旅游鞋，穿不了几天就坏了。因此，怀疑"便宜无好货"是没道理的。

D. 既然不怀疑小赵可能考上大学，那就没有理由担心小赵可能考不上大学。

E. 既然怀疑小赵一定能考上大学，那就没有理由怀疑小赵一定考不上大学。

解析：答案为A。

题干要驳斥关于一个必要条件的断定，即驳斥"没有X，就没有Y"。但它的驳斥方法是列举了一个有性质X也没有Y的例子。这种驳斥方法是错误的，驳斥不成立。选项A所用的驳斥方法类似。

问题与思考：

某出版社近年来出版物的错字率较前几年有明显的增加，引起了读者的不满和有关部门的批评，这主要是由于该出版社大量引进非专业编辑所致。当然，近年来该社编制扩充，出版物的大量增加也是一个重要原因。

上述议论中的漏洞，也类似地出现在以下哪项中？

Ⅰ. 美国航空公司近两年来的投诉率比前几年有明显的下降。这主要是由于该航空公司在裁员整顿的基础上，有效地提高了服务质量。当然，"9·11"事件后航班乘客数量的锐减也是一个重要原因。

Ⅱ. 统计数字表明：近年来我国心血管病的死亡率，即由心血管病导致的死亡在整个死亡人数中的比例，较前有明显增加，这主要是由于随着经济的发展，我国民众的饮食结构和生活方式发生了容易诱发心血管病的不良变化。当然，由于心血管病主要是老年病，因此，我国人口的老龄化，即人口中老年人比例的增大也是一个重要原因。

Ⅲ．S市今年的高考录取率比去年增加了15%，这主要是由于各中学狠抓了教育质量。当然，另一个重要原因是，该市今年参加高考的人数比去年增加了20%。

A. 只有Ⅰ和Ⅱ。　　B. 只有Ⅱ和Ⅲ。　　　　C. 只有Ⅰ和Ⅲ。

D. Ⅰ、Ⅱ和Ⅲ。　　E. Ⅰ、Ⅱ和Ⅲ都不存在题干中的漏洞。

解析：答案为C。

题干指出错字率增加有两个原因：一是非专业编辑增加；二是出版物增加。但是后者并非原因，因为错字率是比率，和出版物文字的总量增加没有关系。Ⅰ和Ⅲ有类似的漏洞，Ⅱ没有漏洞。

问题与思考：

服用深海鱼油胶囊能降低胆固醇。一项对6403名深海鱼油胶囊定期服用者的调查显示，他们患心脏病的风险降低了1/3。这项结果完全符合另一个研究结论：心脏病患者的胆固醇通常高于正常标准。因此，上述调查说明，降低胆固醇减少了患心脏病的风险。

以下哪项最为恰当地指出了上述论证的漏洞？

A. 没有考虑到这种情况：深海鱼油胶囊减少了服用者患心脏病的风险，但并不是降低胆固醇的结果。

B. 忽视了这种可能性：深海鱼油胶囊有副作用。

C. 由"心脏病患者的胆固醇通常高于正常标准"，可直接得出"降低胆固醇能减少患心脏病的风险"。因此，以上述调查结论作为论据是没有意义的。

D. 上述调查的结论是有关降低胆固醇对患心脏病的影响，但应该揭示的是深海鱼油胶囊对胆固醇的作用。

E. 没有考虑普通人群服用深海鱼油胶囊的百分比。

解析：答案为A。

题干的论证是：服用深海鱼油胶囊降低了胆固醇，也降低了患心脏病的风险，这说明，降低胆固醇能减少患心脏病的风险。这一论证忽视了：并存或相继出现的两个现象，可能有联系，但不一定有因果联系。A选项恰当地指明了这一点。

问题与思考：

即使在古代，规模生产谷物的农场也只有依靠大规模的农产品市场才能生存，而这种大规模的农产品市场意味着有相当人口的城市存在。因为中国历史上只有一家一户的小农经济，从来没有出现过农场这种规模生产的农业模式，因此，现在考古所发现的中国古代城市，很可能不是人口密集的城市，而只是为举行某种仪式的人群临时聚集地。

以下哪项，最为恰当地指出了上述论证的漏洞？

A. 该论证只是对其前提中某个断定的重复。

B. 论证中对某个关键概念的界定前后不一致。

C. 在同一个论证中，对一个带有歧义的断定作出了不同的解释。

D. 把某种情况的不存在，作为证明此种情况的必要条件也不存在的根据。

E. 把某种情况在现实中不存在，作为证明此类情况不可能发生的根据。

解析：答案为D。

题干推理的思路是，规模生产谷物的农场存在的必要条件是（题干是说依靠）大规模的农产品市场的存在，而后者又依赖相当人口的城市存在。由于没有规模生产谷物的农场，所以就没有相当人口的城市。这里错误地理解了必要条件。甲存在的必要条件是乙存在，是指若乙不存在，则甲不会存在。但是，甲不存在不意味着乙不存在，完全有可能乙存在而甲不存在。选项D指出了这一点。

问题与思考：

舞蹈学院的张教授批评本市芭蕾舞团最近的演出没能充分表现古典芭蕾舞的特色。他的同事林教授认为这一批评是个人偏见。作为芭蕾舞技巧专家的林教授考核过芭蕾舞团的表演者，结论是每一位表演者都拥有足够的技巧和才能来表现古典芭蕾舞的特色。

以下哪项最为恰当地概括了林教授反驳中的漏洞？

A. 他对张教授的评论风格进行攻击而不是对其观点加以批驳。

B. 他无视张教授的批评意见与实际情况相符。

C. 他仅从维护自己的权威地位的角度加以反驳。

D. 他依据一个特殊的事例轻率概括出一个普遍结论。

E. 他不当地假设，如果一个团体每个成员具有某种特征，那么这个团体就能体现这种特征。

解析：答案为E。

林教授根据每个个体都具有某种属性，得出由个体组成的集合体也一定具有此种属性。这是集合体误用的另一种形式。这种错误也叫"合成谬误"。

问题与思考：

和平基金会决定中止对S研究所的资助，理由是这种资助可能被部分地用于武器研究。对此，S研究所承诺：和平基金会的全部资助，都不会用于任何与武器相关的研究。和平基金会因此撤销了上述决定，并得出结论：只要S研究所遵守承诺，和平基金会的上述资助就不再会用于武器研究。

以下哪项最为恰当地概括了和平基金会上述结论中的漏洞？

A. 忽视了这种可能性：S研究所并不遵守承诺。

B. 忽视了这种可能性：S研究所可以用其他来源的资金进行武器研究。

C. 忽视了这种可能性：和平基金会的资助使S研究所有能力把其他资金改用武器研究。

D. 忽视了这种可能性：武器研究不一定危害和平。

E. 忽视了这种可能性：和平基金会的上述资助额度有限，对武器研究没有实质性意义。

解析：答案为C。

题干断定：S研究所遵守承诺，是和平基金会的资助不再会用于武器研究的充分条件。选项A指出的可能性不会破坏题干的断定（断定是一充分条件假言命题）。选项B指出的可能性与题干断定的内容无关。选项C指出了这一条件不成立的理由。其他两个选项与断定内容无关，不涉及条件本身。

六、削弱与质疑论证

除了从正面加强论证、避免出现逻辑漏洞外，还需要考虑从反面如何削弱与质疑论证。因为一方面，一个充分的论证，就应在给出正面论证后考虑可能会面临怎样的反驳，对这些反驳需要给出恰当的回应，消解这些可能的反驳，增加己方论证的说服力；另一方面，面对一个论证，需要找出它的薄弱点，尤其是在辩论时，面对反方给出的论证，需要给出强有力的反驳。

问题与思考：

某家长认为，有想象力才能进行创造性劳动，但想象力和知识是天敌。人在获得知识的过程中，想象力会消失。因为知识符合逻辑，而想象力无章可循。换句话说，知识的本质是科学，想象力的特征是荒诞。人的大脑一山不容二虎：学龄前，想象力独占鳌头，脑子被想象力占据；上学后，大多数人的想象力被知识驱逐出境，他们知识渊博但丧失了想象力，成为终身只能重复前人发现的人。

以下哪项与家长的上述观点矛盾？

A. 如果希望孩子能够进行创造性劳动，就不要送他们上学。

B. 如果获得了足够知识，就不能进行创造性劳动。

C. 发现知识的人是有一定想象力的。

D. 有些人没有想象力，但能进行创造性劳动。

E. 想象力被知识驱逐出境是一个逐渐的过程。

解析：答案为D。

题干描述某家长的观点为：有想象力才能进行创造性劳动。与其矛盾观点为：没有想象力也能进行创造性劳动。选项D表达了这种含义。

问题与思考：

因偷盗、抢劫或流氓罪入狱的刑满释放人员的重新犯罪率，要远远高于因索贿受贿等职务犯罪入狱的刑满释放人员。这说明，在狱中对上述前一类罪犯教育改造的效果，远不如对后一类罪犯。

以下哪项如果为真，最能削弱上述论证？

A. 与其他类型的罪犯相比，职务犯罪者往往有较高的文化水平。

B. 对贪污、受贿的刑事打击，并没能有效地扼制腐败，有些地方的腐败反而愈演愈烈。

C. 刑满释放人员很难再得到官职。

D. 职务犯罪的罪犯在整个服刑犯中只占很小的比例。

E. 统计显示，职务犯罪者很少有前科。

解析：答案为C。

以重新犯罪率评估对两类罪犯教育改造的效果，前提是要有可比较性，例如两类罪犯重新犯所犯罪行的可比性。题干中所说的第一类犯罪，其犯罪主体只是自然人。而第二类即职务犯罪的主体是国家工作人员；其犯罪之后很难再具有职务犯罪所要求的主体身份。选项C指出了这一点。

问题与思考：

当大学生被问到他们童年时代的经历时，那些记得其父母经常经历病痛的正是那些成年后本人也经常经历一些疼痛(如头痛)的人。这个证据说明，一个人在儿童时代对成人病痛的观察会使其本人在成年后容易感染病痛。

下面哪项如果正确，最严重地削弱了以上论述？

A. 那些记得自己小时候常处于病痛的学生不比其他大多数学生更容易经历疼痛。

B. 经常处于病痛状态的父母在孩子长大后仍然经常经历病痛。

C. 大学生比其他成年人经历的头痛等常见病痛少。

D. 成年人能清晰地记住儿童时期病痛时周围的情形，却很少能想起孩提时代自身病痛的感觉。

E. 一个人成年时对童年的回忆，总是注意那些能够反映本人成年后经历的事情。

解析：答案为E。

题干的结论为：一个人在儿童时代对成人病痛的观察导致其本人在成年后容易感染病痛。即使以上两个现象都是真实的，但其间的关系未必是因果，有可能是果与因。选项E指出了这种可能性，削弱了题干的说法。

问题与思考：

不仅人上了年纪会难以集中注意力，就连蜘蛛也有类似的情况。年轻蜘蛛结的网整齐均匀，角度完美；年老蜘蛛结的网可能出现缺口，形状怪异。蜘蛛越老，结的网就越没有章法。科学家由此认为，随着时间的流逝，这种动物的大脑也会像人脑一样退化。

以下哪项如果为真，最能质疑科学家的上述论证？

A. 优美的蛛网更容易受到异性蜘蛛的青睐。

B. 年老蜘蛛的大脑较之年轻蜘蛛，其脑容量明显偏小。

C. 运动器官的老化会导致年老蜘蛛结网能力下降。

D. 蜘蛛结网只是一种本能的行为，并不受大脑控制。

E. 形状怪异的蛛网较之整齐均匀的蛛网，其功能没有大的差别。

解析：答案为D。

题干通过年轻与年老蜘蛛在结网表现上的差异来说明，年龄增长大脑退化，导致难以集中注意力。质疑这一说法，可以直接找出他因。选项D指出，结的网尽管有差异，但与大脑是否退化无关，因为该行为是出于本能，不受大脑控制。这是最强的质疑。

问题与思考：

人们普遍认为适量的体育运动能够有效降低中风，但科学家还注意到有些化学物质也有降低中风风险的效用。番茄红素是一种让番茄、辣椒、西瓜等蔬果呈现红色的化学物质。研究人员选取一千余名年龄在46至55岁之间的人，进行了长达12年的跟踪调查，发现其中番茄红素水平最高的四分之一的人中有11人中风，番茄红素水平最低的四分之一的人中有25人中风。他们由此得出结论：番茄红素能减低中风的发生率。

以下哪项如果为真，能对上述研究结论提出质疑？

A. 番茄红素水平较低的中风者中有三分之一的人病情较轻。

B. 吸烟、高血压和糖尿病等会诱发中风。

C. 如果调查56至65岁之间的人，情况也许不同。

D. 番茄红素水平高的人约有四分之一喜爱进行适量的体育运动。

E.被跟踪的另一半人中50人中风。

解析：答案为E。

注意到，剩下的一半是番茄红素水平居中的人，而在这些人中，中风的人数最多。这就直接削弱题干中的结论"番茄红素能减低中风的发生率"。

问题与思考：

研究人员发现，人类存在3种核苷酸基因类型：AA型、AG型以及GG型。一个人有36%的概率是AA型，有48%的概率是AG型，有16%的概率是GG型。在1200名参与实验的老年人中，拥有AA型和AG型基因类型的人都在上午11时之前去世，而拥有GG型基因类型的人几乎都在下午6时左右去世。研究人员据此认为：GG型基因类型的人会比其他人平均晚死7个小时。

以下哪项如果为真，最能质疑上述研究人员的观点？

A.平均寿命的计算依据应是实验对象的生命存续长度，而不是实验对象的死亡时间。

B.当死亡临近的时候，人体会还原到一种原生理节律感应阶段。

C.有些人是因为疾病或者意外事故等其他因素而死亡的。

D.对人死亡时间的比较，比一天中的哪一时刻更重要的是哪一年、哪一天。

E.拥有GG型基因类型的实验对象容易患上心血管疾病。

解析：答案为A。

题干中的结论"GG型基因类型的人会比其他人平均晚死7个小时"是就平均寿命而言的，而得出此结论的根据是考察对象死亡时间是一天中的几点钟，这显然是两个不同的概念。选项A指出了这一点。

第四节　论证的基本结构

论证的基本结构就是关于论证的前提和结论之间的各种连接关系，包括：单前提结构、多前提结构、链式结构和复合结构。通常可以用树形图来表示。

单前提结构是论证的第一种基本结构，就是组成论证的最基本的三要素——一前提一结论的结构：前提→结论。[1]

前提

↓

结论

例如："你没有通过这次公务员考试，因为你没有认真准备。"

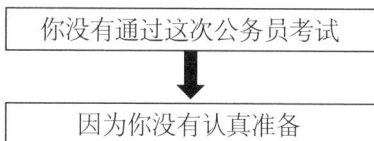

你没有通过这次公务员考试

↓

因为你没有认真准备

单前提单结论结构的一个变形是单前提多结论结构。例如：前提→结论1并且结论2。

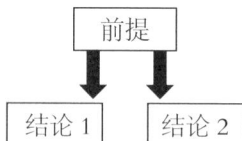

前提

↓　　↓

结论1　　结论2

例如："你现在不抓紧时间好好学习外语，那么你就无法通过托福考

---

[1] 参见[加]董毓：《批判性思维原理和方法——走向新的认知和实践》，高等教育出版社2010年版，第107页。

试，也就不能申请去国外留学。"

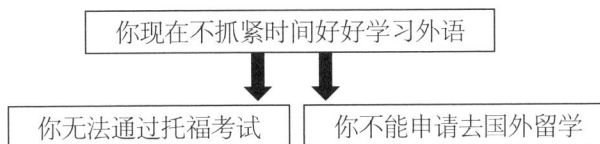

```
┌─────────────────────────────┐
│   你现在不抓紧时间好好学习外语   │
└─────────────────────────────┘
        ↓            ↓
┌──────────────────┐ ┌──────────────────┐
│  你无法通过托福考试  │ │ 你不能申请去国外留学 │
└──────────────────┘ └──────────────────┘
```

第二种论证结构是多前提单一结论，即由两个或更多的前提来推导一个结论。这个结构有两类：一类是"独立的多前提结构"，即前提之间互相独立，每一个前提都可以单独推导出这个结论，不需要另一个的帮助。两个前提一起用是为了加强证据的支持力量。另一类是"相互依赖的多前提结构"，即前提之间互相依赖，缺一，其他前提就不能推导出结论。反驳独立的多前提结构，需要反驳每一个前提；反驳相互依赖的多前提结构，只需要反对其中的一个前提即可。

独立的多前提结构：

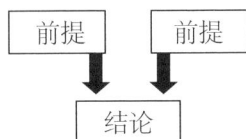

```
┌──────┐  ┌──────┐
│  前提  │  │  前提  │
└──────┘  └──────┘
     ↓      ↓
   ┌──────┐
   │  结论  │
   └──────┘
```

例如："母亲对儿子说：'我不看那部电影，我根本就不喜欢看小孩看的片子，况且也没有票卖了。'"两个前提各自都可以说明母亲为什么不和儿子一起看那部电影。即使有票卖，母亲不喜欢也不会去看；母亲喜欢，没有票卖，母亲也不会去看。母亲的论证用树形图表示如下：

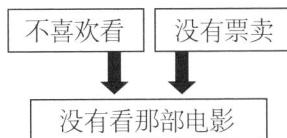

```
┌──────┐  ┌──────┐
│ 不喜欢看 │  │ 没有票卖 │
└──────┘  └──────┘
     ↓      ↓
  ┌──────────┐
  │ 没有看那部电影 │
  └──────────┘
```

相互依赖的多前提结构:

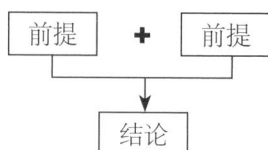

```
┌──────┐   ┌──────┐
│ 前提 │ ＋ │ 前提 │
└──────┘   └──────┘
    └────┬────┘
         ↓
      ┌──────┐
      │ 结论 │
      └──────┘
```

例如:"太太对先生抱怨先生新买的戒指不够漂亮,她不喜欢。先生就对太太说:'亲爱的,你不爱我。'太太问理由,先生说:'如果你爱我,那么你就会喜欢我给你买的所有礼物。而你不喜欢这礼物。'"先生所给出的太太不爱他的论证中,两个前提互相依赖。对先生而言, "如果你爱我,那么你就会喜欢我给你买的所有礼物"是普遍规律,太太不喜欢戒指则是事实,二者合起来才构成了对结论的支持。树形图表示如下:

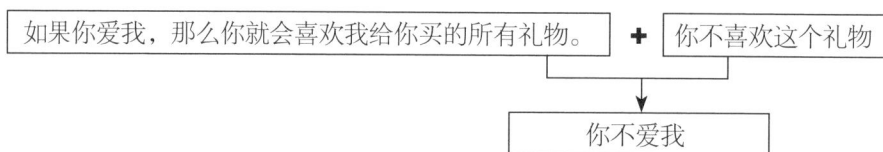

```
┌──────────────────────────────────┐   ┌──────────────────┐
│ 如果你爱我,那么你就会喜欢我给你买的所有礼物。│ ＋ │ 你不喜欢这个礼物 │
└──────────────────────────────────┘   └──────────────────┘
              └────────────┬────────────┘
                           ↓
                    ┌──────────┐
                    │ 你不爱我 │
                    └──────────┘
```

第三种结构是链式结构,也叫"推理链"结构。这种结构是首先从一个或多个前提推导出一个结论,然后再从这个结论推导出一个新的结论。最开始的前提我们称为"初始前提";初始前提的结论,又是下一步结论的前提,被称为"中介前提"或"中介结论";最后结论则被称为"最终结论"。其最基本的树形图如下:

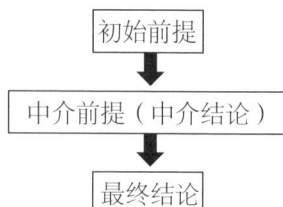

```
        ┌──────────┐
        │ 初始前提 │
        └──────────┘
              ↓
  ┌──────────────────────┐
  │ 中介前提(中介结论) │
  └──────────────────────┘
              ↓
        ┌──────────┐
        │ 最终结论 │
        └──────────┘
```

因为事物的复杂性和人们的好奇心,我们常常刨根问底,因此,从一个结论到另一个结论的链式论证结构很普遍。例如："孕妇不要喝酒，据某知名专家说，孕妇哪怕是喝一点点酒都会对胎儿的生长产生危险，因为大量实验证明，酒精对细胞有抑制反应。"这个论证中，"实验证明，酒精对细胞有抑制反应"是"初始前提"，由它我们得到"孕妇哪怕是喝一点点酒都会对胎儿的生长产生危险"，这是"中介前提"或者"中介结论"，最后得到的"孕妇不要喝酒"则是"最终结论"。这个链式结构的树形图如下：

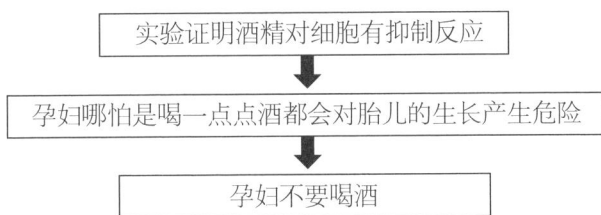

第四种论证结构是复合结构。实际论证要远比单前提结构、多前提结构和链式结构复杂，但再复杂的论证，都是由这三种结构组合起来的。如有的主要是一个链式推理，但其中的某些部分是多前提的结构；有的是多前提的结构，但其中某些前提本身又有前提，所以它的分支上是链式结构。绝大多数论证，都由多前提结构和链式结构组合而成，比较复杂。因此，当我们分析一个论证时，就有必要画出它们的结构图。画结构图时，一般把最终结论放在最下面，最初前提放在最上面，中介结论放在中间，用箭头表示推理，相互依赖的前提用加号连接起来，独立前提则用另外的箭头表示。例如："如果你现在不抓紧时间学习，那么这门课你就不会得高分，老师也不会愿意为你写求职推荐信。另外你其他课程的分数也不高，你的平均分也不高，况且你也没有其他优秀表现，申请研究生也很困难。"用树形图表示这个论证结构是：

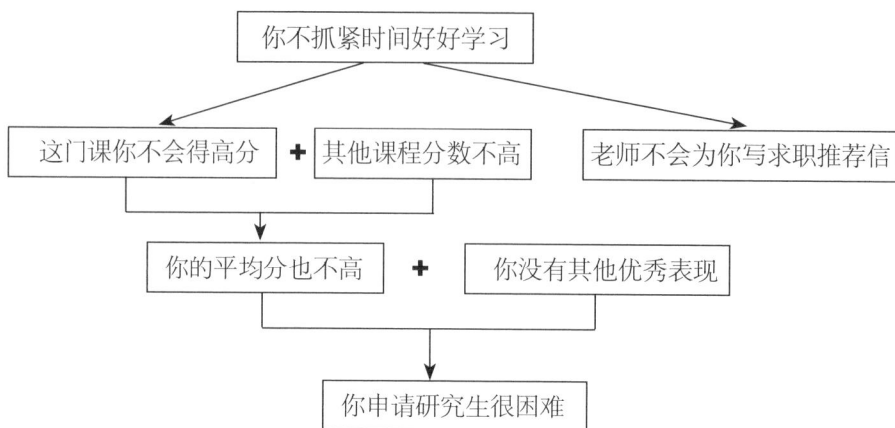

```
           ┌─────────────────────┐
           │  你不抓紧时间好好学习  │
           └─────────────────────┘
            ╱          │          ╲
           ╱           │           ╲
┌──────────────┐  ┌──────────────┐  ┌───────────────────────┐
│这门课你不会得高分│+│ 其他课程分数不高 │  │老师不会为你写求职推荐信│
└──────────────┘  └──────────────┘  └───────────────────────┘
         │                │
         ▼                ▼
┌──────────────┐  ┌──────────────┐
│ 你的平均分也不高 │+│ 你没有其他优秀表现 │
└──────────────┘  └──────────────┘
                  │
                  ▼
        ┌───────────────────┐
        │  你申请研究生很困难  │
        └───────────────────┘
```

问题与思考：

请批判性阅读下列段落，注意贯彻理解——思考——超越的批判性阅读方法。指出论点、论据和论证思路。在论证思路上，请指出用了什么样的推理？是否正确？概念是否清晰？前提是否真实？是否提供了足够的例子、细节和证据？整个论证存在哪些严重的问题？

心态决定人生！有一位青年，老是埋怨自己发不了财，终日愁眉不展。这一天，走过来一个须发皆白的老人，问："年轻人，为什么不快乐？""我不明白，为什么我总是这么穷。""穷？你很富有嘛！"老人由衷地说。"这从何说起？"年轻人不解。老人反问道："假如现在斩掉你一个手指头，给你1000元，你干不干？""不干。"年轻人回答。"假如砍掉你一只手，给你 1 万元，你干不干？""不干。""假如使你双眼都瞎掉，给你10万元，你干不干？""不干。""假如让你马上变成80岁的老人，给你100万，你干不干？""不干。""假如让你马上死掉，给你1000万，你干不干？""不干！""这就对了，你已经拥有超过1000万的财富，为什么还哀怨自己贫穷呢？" 老人笑吟吟地问道。 青年愕然无言，突然什么都明白了。亲爱的朋友，如果你早上醒来发现自己还能自由呼吸，你就比在这个星期中离开人世的人更有福气。如果你从来没有经历过战争的危险、被囚禁的孤寂、受折磨的痛苦和忍饥挨饿的难受……你就已经好过世界上5亿人了。如果你的银行账户有存款，钱包里有现金，你已经身居于世界上最富有的 8%之列！如果你的双亲仍然在世，并且没有分居或离婚，你已属于稀少的一群。如果你能抬起头，面容上带着笑容，并且内心充满感恩的心情，你是真的幸福了。因为世界上大部分的人都可以这样做，他们却没有。亲爱的：如果你能读到这段文字，那么你更是拥有了双份的福气，你比20亿不能阅读的人不是幸福很多吗？心态决定人生。

解析：作者试图通过上述写作，使读者关注那些自己所具有的东西，而不要总为那些得不到的东西而苦恼。但是作者在论证中存在概念、定义模糊，前提存在不确定性等一些问题，使得其论证不能支持其结论。该段落的结论是：心态决定人生。论据是：（1）男子觉得自己贫穷。（2）假如男子舍弃身体的部位、青春及生命，可以获得1000万以上的金钱，但男子不愿意，所以，男子已经拥有了1000万以上的财富了。（3）醒来还在呼吸就比死了的人幸福。（4）没有经历过战争、囚禁、折磨和饥饿，就比5亿人幸福。（5）在银行有存款，钱包有现金，就已经是世界上最富有的8%的人了。（6）双亲在世，并且没有分居和离婚，就是稀少人群。（7）对自己充满信心，自己就是幸福的人。（8）读到这段文字，比20亿不能读到的人更幸福。本段落的论证结构是：[（1）+（2）→男子已经拥有了1000万以上的财富了）+（3）+（4）+（5）+（6）+（7）+（8）]→心态决定人生（"→"表示推出关系）。

此段落的论证中所存在的问题是：第一，文中存在偷换概念的问题。在论据（1）和（2）中，男子觉得自己发不了财的意思是：在现有的物质基础上，无法获得更多的可支配金钱，而这位老人提出的财富的概念则是建立在一种假定及心理层面的财富，老人所假定的假如舍弃身体部位获得金钱等，都是建立在一个虚无的假如的前提之上的，并且身体作为男子所固有的物质基础，显然并不是男子所认为的更多的可支配金钱的概念，所以老人在这里直接偷换了财富的概念，显而易见，这个前提是难以具有什么说服力的。第二，文中对于幸福的概念定义存在一定程度的模糊。文中（3）、（4）、（5）等论述中，认为幸福是与他人对比得到的，而（7）中的幸福又像是被定义为一种自我满足的幸福，难以完全澄清作者所谓的幸福究竟是指什么层面上的一种幸福。第三，论据的力度不够。例如论述（3），活着的人比死去的人幸福，一般看来似乎是这样的，但是有很多战乱地区的人生不如死，这样艰苦地活着的人未必比那些善终了的人过得更加幸福，所以这一论证的力度是不够的。第四，论据、前提的真实性存疑。如论述（5）、（6）、（8）中提到了具体的数据和"稀少"等词汇，并且20亿及8%这样的数据算是十分极端的数据，文中却没有注明出任何数据的来源，也未阐明其真实性是否可靠，所以该数据还存在很大的疑惑，这样的数据显然难以支持其结论。第五，论据和结论之间相关性较低。在文中的论述中，即使我们假定作者的所有论据皆为真，我们也只能够得到如下结论：心态决定幸福感。那么这里就存在一个隐含前提，即幸福感决定你的人生，但是文中对于幸福感和人生之间的关系并没有进行任何关联性的论述，同时，对于幸福感和人生之间的关系，我们也只能说这在心态上具有一定的帮助，而不能说是强相关的，那么该段落的论证就存在较大的问题，所导出的结论不过是和其前提之间存在弱相关，所得出的结论显然是不合适的。综上所述，该论证具有一个良好的目的，但是其论证力度和有效性等均存在严重问题。

第五章

批判性阅读

信息时代，阅读是人们所必须要面对的事情。而阅读中最为困难的地方，就是面对带有论证性的阅读。这类阅读材料，它是要说服人的，即它是要通过运用各种理由和依据来说服人们去相信其观点、主张或者看法。那么，作为读者来说，我们又应该如何来阅读和应对这样的阅读材料，就是一个问题。这也就是说，我们应该如何在真正理解的基础上来阅读材料开展质疑和批判，从而作出自己的正确判断，得出科学或正确的认识，这是阅读中最为重要的问题。其中，考察清楚论证的过程和其基本组成要素及其相互关系，又是作出正确判断从而得出正确认识的关键所在。

第一节　批判性阅读的现实重要性与价值

信息时代催生了快速阅读。当今社会已经是一个信息社会。没有人会反对说，我们今天的社会还不是信息社会。信息社会也称为信息化社会，是人类在脱离了工业化社会之后，信息起着主要作用的社会。也就是说，信息社会是以电子信息技术为基础，以信息资源为基本发展资源，以信息服务性产业为基本社会产业，以数字化和网络化为基本交往方式的新型社会。在信息社会里，人们通过电脑阅读、手机阅读，阅读成为我们每天都必须快速、大量进行的事情。

曾经有一名旅居上海的印度工程师，在2013年6月3日的《西宁晚报》上发表了一篇文章，题目是"令人忧虑：不阅读的中国人"，红遍网络。文中作者表示，通过自己在生活中的观察，她发现中国人现在大多数时间都在玩手机、iPad等，很少静静地读书。其中说道："或许我们对于一个经济还在迅速发展的发展中国家不应过分苛责，但我只是忧虑，如果就此疏远了灵魂，未来的中国可能会为此付出代价。"文中还具体叙述道，据媒体报道，中国人年均读书才0.7本，韩国人年均读书7本，日本人年均读书40本，俄罗斯人年均读书55本，以色列人年均读书64本。文中特别强调，以色列这个国家虽然只有500多万人，但持有借书证的就有100多万人，是全世界人均拥有图书最多的国家。文中还特别强调，一个国土面积和人口都不足中国的百分之一的国家匈牙利，却拥有近2万座图书馆，平均每500人就拥有一座图书馆，也是世界上读书风气最浓的国家，而我国则平均45.9万人才拥有一座图书馆。

在笔者看来，这篇文章在写作上，除了数据来源有问题，统计方法甚至结论都有错误外，从根本上没有注意到，我国成年人很多人可能更多地偏向于通过电子阅读方式来进行阅读；当然，在纸质书的阅读方面，我国成年人也可能不喜欢在公众场合阅读而是喜欢在家里或者办公室阅读。所以，作者的这篇文章的大量数据或论据都不真实、不可靠，数据来源混杂、标准不一，从而其结论和论证都是没有说服力的，仅仅吊人眼球而已。事实上，根据大数据统计：

2013年，我国成年国民各媒体综合阅读率为76.7%，全年人均阅读图书数量为7.25本，其中，阅读纸质图书4.77本，阅读电子图书2.48本。

2016年，我国成年国民各媒体综合阅读率则达到了79.9%，全年人均阅读图书达到了7.86本，其中，阅读纸质书4.65本，阅读电子书3.21本。

2018年，我国成年国民各媒体综合阅读率为80.8%，全年人均阅读图书更进一步达到了7.99本，其中，阅读纸质书4.67本，阅读电子书3.32本。通过阅读电子材料来获得知识和信息，越来越成为人们更普遍更重要更时尚的阅读方式。[1]

① 左志新：《第十六次全国国民阅读调查成果发布综合阅读率保持增长　有声阅读成增长点》，载《传媒》2019年第8期。

不同于过去的纸质材料，现在通过手机、微信、网络等来进行的阅读都是快速阅读，快速写作，快速回应，快速展现自己的认知和行动。每个人都不能逃脱阅读，每个人也逃脱不了这种快速的阅读方式。这种阅读中有许多情况都属于消费性阅读或者消遣性阅读，但是其中也有很多阅读需要快速读取，快速写作，快速作出反应和回应。这也就是说，生活在信息时代的人们，随时随地都会面临看手机，有的时候上课看手机，听讲座还要看手机，所以，随时随地都可能需要处理大量侵入的信息，同时也需要对于这些信息进行反馈，这种反馈就是一种写作，比如，对朋友圈里的信息进行回应等。

信息社会中的快速阅读迫切需要批判性思维。在信息社会中，如何准确理解阅读材料，如何根据所阅读的材料进行合理的行动，对此批判性思维越来越显得重要。首先，恰当或者正确地理解就是很难的一件事情。人们的误解往往多于相互之间的理解。比如，目前人们就对网络中粉丝的情况感到非常恐怖，甚至一般根本就不敢在微信群里或者微博里发言，否则就会遭到各种攻击或者谩骂。其次，言语很快就会转变成行为。有的时候，不管是恰当或者不恰当的言语都会导致不合理的行为，就是因为网络群体会产生各种无形的力量。有的时候，在朋友圈中的不恰当的写作，可能会得罪朋友圈中的朋友；有的时候还不一定是朋友，比如在群里面一发言，可能就会很快引起争吵。在信息社会，对信息的阅读、处理和应对方式，越来越成为人们必须重视的问题。自己想要表达出来的，是否已经过深思熟虑，观点是否正确，理由是否充分，观点或者论证一旦发表出来，到底会产生一个什么样的影响，这些都需要发言者根据所要达到的目的来做充分考虑。

信息时代的快速阅读离不开论证。在信息社会的阅读情景中，我们最应该注意的事情是什么呢？其实，就是包含了论证于其中的信息的阅读，也就是说服性的论证性的阅读。由于包含了论证于其中，其中的材料就更可能包含着各种难以识别的错误的信息、背景和推理方式。因此，当今社会，对阅读材料加以更多理性的分析，开展批判性的质疑，比以往变得更为重要。否则，我们在阅读的同时，就很容易误解信息，变成错误信息的俘虏，思维活动被错误材料所左右，所以，在阅读的过程中，养成批判性思维的头脑，开展批判性的阅读是非常重要的。既然批判性阅读如此重要，那么我们究竟应该如何来进行批判性阅读呢？这涉及批判性阅读的基本目的、基本准则和具体方法等问题。

第二节　批判性阅读的基本目的

批判性阅读的基本目的，是要通过阅读来把握真相，通过阅读来提高自己的认识，通过阅读来突破自己、发展自己。也许很多人的阅读，只是为了消磨时间。但是，当我们真正想要阅读的时候，我们一定是想要去认识和澄清文字背后的事实和真理，这是人们阅读中最基本的目的。没有人希望"我要通过阅读把我搞乱，让我对事实不清楚"，而是要通过读书来获得知识、获得进步。常言道："开卷有益。""读书破万卷，下笔如有神。"毛泽东从幼年起，就特别勤奋好学，随着年龄的增加，他的读书欲望越来越强烈。毛泽东读书的范围十分广泛，从社会科学到自然科学，从马列主义著作到西方资产阶级著作，从古代的到近代的，从中国的到外国的，包括哲学、经济学、政治、军事、文学、历史、地理、自然科学、技术科学等方面的书籍。毛泽东跟书籍可以说是形影不离。在他的卧室里、办公室里、北京郊外住过的地方等，到处都放着书，每次外出都要带着书，在外地还要借一些书来读。读书大部分时候是有意而为之的，我们会筛选有效的信息，屏蔽错误的信息——在朋友圈阅读中，我们会主动地屏蔽一些经常发虚假信息、负面信息等我们不想看、觉得是无用信息的人。认识真实的事情，辨明虚假的信息，这就是我们阅读的基本目的。然后，在获得了真知以后，我们就会将其运用到我们的生活中来，这就使我们的阅读产生了正效应。所以，为了达到真正的阅读，辨明阅读材料并为我所用的目的，我们就要通过批判性思维来理解它，认识它。

要达到把握真相的目的，首先要做的事情，就是理解，也就是通过真正掌握所阅读的材料来增加信息和扩充认识，从而获取知识。知识就是力量，因为知识能够丰富人的思想，能够让人变得更加聪明，我们学到了知识，就可以思考，从而能够解决我们以前所不能解决的很多问题。把握知识，最关键的是要把握真知识，也就是要认识事物的本质和根本原因，不能被表象或者假象所迷惑。培根曾经指出，我们必须注意避免被假象所迷惑。他认为，人们由于受到错误观念的作用和影响，而且这种错误观念的产生是同认知主体的幻觉相关联，从而导致人们所看到的事物便不是它所向我们呈现出来的本来状态，而是掺杂着人们的意愿、欲望、期待等主观因素。所以，如果我们要看到事物的真相，就必须注意避免被假象所欺骗。培根认为，这些假象可以分为四种，即种族假象、洞穴假象、市场假象和剧场假象。种族假象存在于人的天性之中，存在于人类的种族之中，即总是以为人的感觉是事物的尺度，实际上是由于种族的原因而形成的集体无意识；洞穴假象是一种个人假象，由于每个人都有其所特有的天性，或者是由于其在后天所受的教育而和别人存在差别；市场假象是人们在彼此交往或互通信息的活动中形成的假象，由此造成以讹传讹和按照自己的意愿去解读信息；剧场假象是从各种哲学信条以及从证明法则移植到人心中的假象。如果我们不能把握真知识，不能真正地把握知识，不能真正地理解作者的作品，也就谈不上举一反三，谈不上发现问题，更谈不上发展和应用。在阅读中，要达到真正的理解，首先是要忠实，也就是要"忠实于它"。这也就是说，我们在阅读的时候，需要尊重作者，需要站在作者的角度来进行思考，但是这说起来容易做起来难，因为我们往往在阅读别人的东西的时候，一开始就带有我们自己的立场。这样就很难真正地理解作者，理解作品。所以，一定要从作者的立场、作者的世界观等多个方面来加以考虑，达到真正地理解作者、理解作品。

但是，更为重要的还是对知识的运用。培根在其《沉思录》一书中说："知识就是力量，但更重要的是运用知识的技能。"对知识的有效运用比起掌握知识来说更为重要。虽然说"书中自有黄金屋，书中自有颜如玉"，但这只是强调书籍的重要性罢了。一个人，如果只知道死读书，那是没有什么用的。《孟子》曾经说："尽信书，则不如无书。"当然，其中所讲的"书"，指的是《尚书》，但也可以说为具有更高的普遍性。这就是说，我们在阅读中获得知识的同时，还需要学会对知识的具体运用。而要学会对知识的具体运用，就必须不但要能知其然，还要能知其所以然。中国古代的墨家学派曾经指出："其然也，有所以然也；其然也同，其所以然不必同。其取之也，有所以取之；其取之也同，其所以取之不必同。"（《墨子·小取》）事物是这样的情形，自有其所以这样的原因，这样的情形虽然相同，而所以造成这样的原因不一定相同；赞成某一观点，自有其所以赞成的理由，所赞成的观点相同，而所赞成的理由不一定相同。具体而言，我们在阅读论证性的文本时，至少需要考虑这样的几个方面：这个论证材料的结论是什么？或者这个论证的主题是什么？这个论证又是如何得出结论的？其得出结论的理由究竟是什么？比如，能背诵"人之初，性本善"固然好，但更需要理解：为什么这么说？其根据是什么？其中包括着怎样的含义？①

在阅读中，理解和应用固然重要，但最为重要的则是创新和发展。毛泽东曾经说："搞科学研究，也必须实事求是、独立思考。不能让自己的脖子上长别人的脑袋，即使对老师，也不要迷信。"②创新和发展是科学探究的灵魂。我们很多年轻人，世界观还没有真正形成好，容易摇摆，于是，在阅读别人的东西的时候就容易被别人所"俘虏"。例如，有时候，在听了某某一个讲座，或者和某某做了一次交流，思想就跟着他走了。因此，我们在阅读的时候，是要有自己的立场和观点的，这并不错，但是如果你一开始就带着自己的立场去阅读，很可能就不能达到真正地把握和理解对方的目的。所以，要创新，要发展，首先就是要在阅读中开展质疑和批判，从中作出自己的判断和认识。比如，作者所说的东西都有道理吗？它可以被修正或者发展吗？如果可以修正，那么怎么样来加以修正或者改正呢？孔子曾经说："学而不思则罔，思而不学则殆。"这里的"学"就是阅读，通过阅读获得我们要知道的东西，这里的"思"就是要思考并作出自己的判断，就是要学会批判性思维。在阅读和写作中，往往最为困惑读者和作者的就是论证性的写作，许多爆发出来的争论和误解就是从这里产生出来的。因为在日常自然语言的使用中，非常容易出现误解和意义上的混淆，这就需要批判性思维来帮助我们澄清和明辨问题，做到合理的推论与表述。因此，在忠实于对方、理解了阅读材料之后，必须要善于自主思考，有自己的看法。

---

① 参见[加]董毓：《批判性思维原理和方法——走向新的认知和实践》，高等教育出版社2010年版，第67页。

② 龚育之、逄先知、石仲泉：《毛泽东的读书生活》，三联书店1986年版，第129页。

第三节　批判性阅读的基本准则

批判性阅读的第一个基本准则就是要忠实于作者的意思，忠实于我们所面对的阅读材料真正要叙述的情况。忠实地阅读是批判性质疑的基础。所谓忠实就是要忠实地理解原意，要站在作者的立场上来理解问题，进入作者的视角，从作者的观点去看问题。因为我们必须从作者的角度去想才能进入阅读材料真正要叙述的真实情况，才能真正理解作者的论证要素和结论。我们不但要读出作者说了些什么，还要读出作者为什么这样说。所以，我们在阅读过程中，特别需要注意的是：第一，准确。不要将非作者所要表述的东西强加于作者。第二，完整。要把握作者整个推理和论证的脉络、整个论证的全貌，不要断章取义。第三，深入。要把握作者论证的出发点和真正意图，理解作者论证背后的假设和原则等。

批判性阅读的第二个基本准则就是进行批判性的思考，即跳出作者的视角，真正进行自己的思考，得出自己的判断和认识。读者要有意识地运用自己的经验，建立自己的视角，挑战作者，提出问题并加以质疑。也就是说，在找到了阅读材料中所包含的论证之后，审查它前提是否真实，其推理是否相关、一致、充足；是否有假设；是否有偏见；是否有不同的观点、解释和论证；是否存在例外和反例。总之，在进行批判性阅读的时候需要做到：一定要把自己放进来，联系自己的经验和视角，以我为主，保持怀疑和开放的精神，从多角度提出问题，从而对论证作出综合评价和判断。

具体的阅读过程通常包括"通读"和"精读"两个阶段。通读是精读的准备阶段，通过通读，了解和把握作品全貌和类型、议题和问题，以及它们的背景、作者的资格、证据来源的可靠性等。精读是在通读的基础上，对作品进行分析和评估论证，上述所讲的两个基本准则，主要是在精读阶段来贯彻。精读也就是细读，也就是通常说的要一边进行阅读，一边详细做笔记、标注、概括、提问、评论等。

　　毛泽东的阅读方法是值得我们认真学习的。他非常推崇徐特立老师"不动笔墨不读书"的学习方法。毛泽东在他所读的书上经常留下许多符号，它们有：△、○、—、×、√、斜线、方框、竖的波浪线、单杠线、双杠线甚至三杠线，还有顿点和问号等。毛泽东的很多批语和符号是用铅笔和毛笔写的，书上很多地方圈点细密，杠划不断，字句连绵；圈旁有圈，杠外加杠，字上叠字。"毛主席的这些批语和符号使人想见，他是多么认真仔细、逐字逐句地多次阅读了这些书。"[1]毛泽东在24岁的时候，在德国哲学家泡尔生所著的约10万字的《伦理学原理》上批注了12000余字的笔记。他一生强调读书重在钻研、实践和创新。他认为，要真正把书读透的方法是"四多"——读得多、写得多、想得多、问得多。[2]他从不被动地接受书中的观点，而是一边读书一边做批注，当赞同作者的观点时往往大加发挥，不赞同作者的观点时也陈述自己的意见。毛泽东对身边工作人员说，如果用百分之百的相信的态度读书，这种做法还不如不读。读书，一要读，二要怀疑，三要提出不同的意见。一方面，不读不行，不读不知道。凡人都是学而知之，谁也不是生而知之。另一方面，光读也不行，读了书不敢怀疑，不能提出不同看法，这本书就算白读了。

---

[1] 龚育之、逄先知、石仲泉：《毛泽东的读书生活》，三联书店1986年版，第74~75页。

[2] 参见龚育之、逄先知、石仲泉：《毛泽东的读书生活》，三联书店1986年版，第14页。

第四节　批判性阅读的具体方法

批判性阅读的具体方法，包括理解、思考和超越三个基本阶段的方法。

一、理解：发现和搜集信息

首先，尽可能了解作品的背景信息。比如，作者是一个什么样的人？其生平如何？作者还有没有其他的作品？作者的基本思想倾向、立场如何？作品发表的时间和地域、刊物类型如何？出版社的资质如何？等等。有时候，我们可以向别人求教，在网络上查找。在尽可能了解背景信息之后，我们还要注意我们正在阅读的这个作品可能和作者以前的东西不一样。比如，有的作者以前坚持某个观点，后来可能会有一百八十度的大反转，反对他以前的观点。所以，还要看到当下阅读的作品是作者在什么情况下写作出来的，他是不是改变了自己的观点，他又为什么要改变自己的观点。

其次，尽可能把握作品的整体面貌。比如，该作品的题材如何？作者写这个作品的目的或意图何在？这个作品究竟是一个报道、个人表达，还是劝说论证？作品的结论和主要论证结构如何？作品的问题起源如何？是否存在重大的争论？作品可能存在的主要问题是什么？作品的主题如何？作品的标题就是主题吗？有的时候标题就能代表文章的主题，但有的时候标题则掩盖主题。通常来说，抓住作品的主题，也就是要抓住作品的主要观点和根本论点。通常来说，一本书有一个内容简介，一篇文章的开头有摘要，文章的最后通常也有一个结论部分，就是为了让读者能够短时间内抓住作品的整体风貌和基本观点。有的作者懒得去写结论或摘要，实际上就是没有很好地面对读者来进行写作。所以作为作者，需要写好摘要和结论这部分内容以供读者做整体上的把握；作为读者，也需要主动地通过对这些部分的阅读来准确把握所要阅读的作品。

总之，不要错过对上述问题的了解和把握，它们对我们评估信息的可信性和论证的全面性是非常重要和必要的。

二、思考：发现和质疑论证

如前所述，在阅读中，我们既要忠实地阅读，也要在此基础上开展批判地阅读。

首先，明确作品的主题、问题和主要观点，明确关键概念的清晰性。在阅读中，最好能够做笔记和评注。说得严重点，不做笔记就等于没有进行真正的阅读。记笔记通常包括以下几个方面：通过记笔记，标出自己理解和不理解的地方；画线标上关键性的概念、语词和句子；分析出重要的论点、论据、例子、解释和说明；发现你能想到的假设、观念和偏见；在作品页边写下你的观点，同时还可以用问号或问题表达对作者的陈述和其中的推理提出疑问；写下对作品精彩或者不足的评论。在这个阶段，客观中立性非常重要。阅读者一定要超越于自己的爱恶和观念的偏见，要注意防止自己的先入之见，真正从作者的语境和思路来理解作品中的观点和论证。这也就是说，读者必须要具有"学术性"的尊重的科学态度，对作者和作品的理解和把握必须是客观的、历史的、合理的。

其次，在阅读的基础上进行提问。爱因斯坦曾经说："提出一个问题往往比解决一个问题更重要。"[①]爱因斯坦之所以这么说，主要是因为

---

① [德]爱因斯坦、[德]英费尔德：《物理学的进化》，台湾水牛出版社1973年版，第64页。

在他看来，解决问题也许仅仅是一个数学上或实验上的技能而已，而提出问题则需要从新的角度去看待旧的问题，需要具有创造性和想象力。事实上，从批判性思维的角度看，提出问题，提出一个真正的问题，是一个非常复杂的过程。如果读书时提不出问题，十有八九说明没有思考更没有深入。所以，在阅读的过程中，应该向一切方面提问。比如，概念是否清晰？理由是否真实？推理是否合理？存不存在假设？思想的表达是否一致？是否存在着不同的观念和偏见？等等。具体来说，比如，这个词的定义是什么？这个情况有例外吗？是真的吗？是否因人而异？能不能举出例子来？作者是怎么知道这一点的？作者这样说，其背后的假设、出发点是什么？等等。[①]

三、超越：概括、评价和自主思考

通过阅读，在充分理解和分析作品的思想的基础上，可以对作品进行概括、评估和评价、自主思考。

首先是概括。尝试用自己的语言来表达作者的主题、论点、证据和思路。具体做法是：比如，用一句话能否表达文章的主题或中心思想；用一句话能否表达文章中用来阐明、发展或证明中心思想的要点；用一句话能否叙述文章的结论；等等。比如，某篇文章，究竟具体是要表达一个什么样的观点——作者的题目就是他的观点吗？有的时候还不一定是，所以，作者进一步的解释和分析是什么？他是怎么来解释文章的题目的？他是怎么进一步展开论述的？我们要作出真正符合作者的思路的概括。

其次是对作品进行评估和评价。评估论证的工作，是要围绕论证的前提——推理——结论的构成来进行的。这包括至少六个方面的工作：澄清

---

① 参见[加]董毓：《批判性思维原理和方法——走向新的认知和实践》，高等教育出版社2010年版，第71页。

概念、判断理由是否真假、评价推理是否合理、辨别和判断论证所隐含的假设和背景、考察替代或对立的思考、根据论证竞争的情况下综合得出最好的判断。[1]具体来说，就是：

这个关键词的含义是什么？

作品的论点是否明确？

作者的表达和论证是否清楚和有条理？

作者是否提供了足够的细节、例子和证据？这些证据是否令人信服？

作者作出了合逻辑的或者合理的推理吗？

作者是否达到了他论证的目的，即是否能够说服人？

作者的结论也许隐含着什么样的前提或者意义？

比如，某篇文章可能有很多概念模糊的地方，甚至是我们不太认同的地方就有很多模糊的概念。在思想的完整性方面：他只看到一面，没看到另外一面。他自己坚持一个什么样的观点就去做什么样的分析，却不去考虑跟他不同或者相反的观点。所以，我们通过正确性、清晰性、完整性的分析，就可以得出我们自己怎么看，自己的感觉、立场、观点如何？有了这样的认识，我们就可以开始进行自主思考了。

最后是要进行自主思考。通常的经验是，仔细地想一想，我自己是怎么看待这个问题的？我自己对这个议题的感觉、立场和观点是什么？我自己对作者的断定和论点还有什么问题？我自己要准备反驳作者的重要立场和论点，还是某些环节？作者的证据真实吗？作者的推理有没有反例和例外？等等。如此一来，就能得出自己独有的观点和看法。[2]

---

① 参见[加]董毓：《批判性思维十讲：从探究实证到开放创造》，上海教育出版社2019年版，第40页。

② 参见[加]董毓：《批判性思维原理和方法——走向新的认知和实践》，高等教育出版社2010年版，第72页。

第六章

批判性写作

正确的判断和认识再加以表述出来就是写作。写作中如何面对各个方面尤其是与自己观点相反的材料来进行回应，这对无论分析他人论证的写作还是组织自己论证的写作都是非常重要的事情，而这都离不开批判性思维。逻辑是批判性思维的工具，它们又都是理性阅读和科学写作的有力工具。

批判性思维阅读从论证开始，最终要通过写作来得到体现。写作是论证的一个最为重要的目的，论证性的写作是批判性思维的一个重要战场。

第一节　写作的目的

写作的目的最终是为读者服务。论证性写作的目的最终是要说服读者，使得读者相信并接受自己的观点和论证。论证性的写作是交流，是作者和读者心灵的交换，但交流的效果如何，则需要由作者和读者双方来决定。所以，作者在写作的时候一定要心里有读者、心里装着读者，为读者而写，必须要充分地从读者的需要出发来思考和开展自己的写作。

首先，要理解和尊重交流对象的立场、知识基础和社会特征。比如，教师在学术研究上提出不同的观点或见解，也许是没有问题的，但是，如果在课堂上肆意地进行不同观点或见解尤其是政治观点的宣传，就可能会存在问题。社会生活是复杂的。每一个读者都是处于一定社会关系生活中的个体，他们每个人有自己的社会地位、社会阶层和利益诉求。作者所发表出来的东西，每一个读者都只能从他自己的立场去理解和认识。如前所述，批判性阅读首先需要理解作者，所以，作为作者自己来说，就需要考虑到读者会怎样来理解你，理解你的写作，这就需要作者作出认真和细致的考虑。

从知识基础来说，如果你的对象是一般大众，他们普遍具有中等的理解能力，对题材的兴趣一般，对该主题和背景缺乏深入把握，那么，我们的写作就需要提供足够的知识和背景，语言也应该尽量通俗易懂，否则就很难实现充分交流的目的。所以，作为作者来说需要考虑，我们的读者需要把握的是什么？是什么层次？能不能理解我们所写的东西？通常来讲，我们的写作就是要让初中以上文化水平的人都能看得懂。比如，笔者曾在中央电视台做了一个关于墨子的电视节目，电视台就要求所讲的内容，必须要让初中程度以上的观众看得懂，那就一定要照顾到这个要求——浅显易懂。如果在大学，所面对的是大学生，一般来讲就没有这样严格的知识基础的限制问题。

当然，如果读者对象是自己的同事或者同行，对问题和背景已经有了相当的了解和认识，写作时的论据选择和论证的起点就会不同，语言也可以是完全专业的和正式的，可以直接进入论证的主题内容和问题。[①]

写作中一个非常容易发生的错误，就是过多地假设了读者和自己有相似的立场和知识背景，认为共同语言很多，但事实上差别很大。这样，读者就会根本无法理解自己，从而写作也就失去了其最基本的目的。反之，如果本来应该是专业性的写作，若总是停留在背景知识的介绍上，则又往往会使得读者失去了阅读的兴趣，认为这是在浪费他们的时间。

总之，了解和把握读者不同的立场和观点非常重要。因为作者的论证所面对的读者，不仅可能不同意自己的结论，甚至还可能不认可自己的论据和出发点。所以，作者需要预先考虑到各种可能的质疑和反驳，在写作中也可以针对这些可能的质疑和反驳进行自己的一些回答、说明和反证，

---

① 参见[加]董毓：《批判性思维原理和方法——走向新的认知和实践》，高等教育出版社2010年版，第398页。

这样我们的写作就尽可能经得起时间、社会和他人的考验。

在写作中，要如何才能做到符合上述的要求呢？这里举一个例子来说明。中国古代的墨家学派，他们所提出的核心理论就是"兼爱"，其具体观点是"兼相爱则治，交相恶则乱"。这就是说，如果人们"兼相爱"，人和人之间互相关爱，则社会稳定，天下太平，人民安居乐业；而如果人们互相憎恶就会导致社会动荡，所以，人与人之间必须要和平相处、和平发展。墨子在写作的过程中，就考虑到了可能存在的反对和质疑的声音，当时就有反对的声音说兼相爱固然好，但是难以实现。墨子对此反驳，真正难的事情是攻城野战，这是要死人的事情，通常说杀人一万自损三千，这才是最难的事情，但是一旦统治者号召人民征战，依然会有不少人为了信念和战争去死，所以，国家意志的力量是非常强大和重要的。所以，墨家认为，兼爱的实现，关键在于统治者是否愿意推行。还有一种反对的观点认为兼爱不可行，认为兼爱就像"挈太山①越河济"那样，是不可能实现的。墨子对此指出，这种认识存在着完全错误的推理：类推不当。因为拎着泰山跨越黄河、济水，这在历史上是从来没有人实现过的，是超越于人的力量的事情，而兼爱是过去很多圣王都做过的事，比如，大禹治水、文王治西土、武王治理泰山。这些圣王们都实行过兼爱，说明兼爱是可以实行的。所以，墨家的兼爱与"拎着泰山跨越黄河、济水"相比完全是两码事，对方的这个类比推理就是不合理的。这里，墨家在分析上述两个质疑时，分别指出了对方的理由不恰当和推理不正确的问题。墨家在论证性的写作中，由于对与自己观点相反的观点、质疑都作出了回答和回应，这样其论证就更加具有说服力，更容易经得起历史和时间的考验。可以说，墨家的文章就是在今天我们读起来也还是会觉得非常有力量。因此，把别

---

① 太山，即泰山。

人的不同观点纳入自己的写作中，进行对话，这才是批判性写作最为重要方面。如果作者只写自己的观点，不考虑他人所想，这样的文章经不起时间的考验，很快就会被淘汰掉。事实上，在中国许多古人的写作中，就已经有批判性思维的方法了，可以说，中国古人是很擅长批判性思考的。孔子说"学而不思则罔"，曾子说"吾日三省吾身"，墨子说"论求群言之比"，都体现出了一种自省、反思的精神。中国古代的思想家之所以能写出许多伟大的作品，这与他们写作和论证过程中自发或自觉的批判性思维方法有关，只是他们中的很多人并没有意识到这就是批判性思维而已。有的思想家有清楚的意识，但这种意识也许并不全面——主要只是在某方面上有意识，比如儒家主要在道德方面有这种意识，而墨家在论证和写作的方式上有一定的认识。其实，我们只从文本的研究中就可以看出来，墨家这种具有易读性和学术性的写作文本，贯穿着强烈的批判性思维的精神和方式。总而言之，写作，尤其是在学术写作的过程中，注意到和自己不一样甚至相悖的观点的考察和评述是非常重要的，对这一点体会得越深、做得越好，写作就越有水平、越有深度。

其次，要了解和理解交流对象的社会特征。读者都是社会中的人，每一个人都是现实社会中活生生的个体，所以，他们对作品的态度和接受程度都会受到现实社会生活中各个方面因素的影响。所以，作者在写作时必须考虑到交流对象的基本社会特征。比如，你的作品会提到哪些人，就要考虑这些人在看到你的作品之后会存在怎样的想法，这些都要考虑进去，否则就有可能适得其反。

年龄和性别是首先要考虑到的。年龄的大小直接影响对作品的理解程度。性别主要涉及具体观念和习惯，不同性别对作品会做不同的理解。种族和民族的因素给人们观念上带来的差异，往往比很多人所想象的都要深刻和广大，特别是关于社会和人的问题方面的认识。因此，尊重读者的宗教信仰对作者来说是不言而喻的事情。

经济利益在形成人们的观念上所起的作用是根本性的。每一个社会中的人都处于一定的经济活动之中，不满足温饱也就谈不上还必须坚持什么观点。经济利益同时也会决定人们的政治立场，这有时会成为影响理解论证的主要因素。荣誉、名声、利益等，都可能会对读者产生巨大的影响。比如，塞梅尔魏斯医生曾经要求医生在接触产妇之前必须洗手的看法，被看作触犯了绅士们的尊严，但塞梅尔魏斯医生本人缺乏这方面的认识，反而斥责对方为杀人犯，最后导致他被送进疯人院并死在那里。[①]

因此，尽量寻找与读者的共同基础，寻找可能共同认可的立足点和起点，是作者必须要细心考虑的，这也是成功写作的作者所必须要下的功夫。

第二节　写作的构思和构造

写作一篇好的论证性论文，其实也就是要完成一篇按照批判性思维的原则和方法来写作的文章。批判性思维的标准和步骤，既是分析一个论证的标准和步骤，也是形成自己好的论证的标准和步骤。贯彻了批判性思维的原则和方法的论证性写作，一定是充分注意到考察理由和隐含假设的真实性和可靠性，注意把握前提和结论之间的相关性，注意分析从前提出发得出结论的充足性，因此，这样的写作具有充分的说服力和论证的逻辑力量。

---

① 参见[加]董毓：《批判性思维原理和方法——走向新的认知和实践》，高等教育出版社2010年版，第400页。

写作中最为重要的环节，就是明确到底要写什么问题或者要探究一个什么样的问题。这个问题可能是一个伦理判断、一个科学辩论、一个在某一特定领域中的疑难问题，或者日常生活中需要我们作出的一个决定、有待解决的一个问题。通常关于这个问题会有一些挑战、争议或者不同的观点。[①]俗话说，万事开头难。论证性的写作也是如此。到底要写什么，也就是要思考好写作的主题问题，这是写作中最令作者感到头痛的问题。马克思曾经说过，科学的入口处就像地狱的入口处一样，说的也就是这个意思。明确写什么，弄明写作的主题，是整个写作中最为核心和关键的部分。有时大致知道写什么，但很快又不知道从哪里开始。写作之前往往都是处于比较懵懂和模糊的状态。真正要写出一篇值得阅读、有东西的文章，确实不容易，很多老师包括笔者自己，在考虑写什么的时候，也要面临大量的冥思苦想。但是，也是有办法的，这就是：如果你不知道要写什么的时候，你就读书吧；如果你不想读书，那你就锻炼身体吧。因为如果你还没有想到要探究什么样的问题，还不清楚自己要写什么的时候，往往就说明你的阅读量还不足够，还需要进行大量的阅读和思考，从而帮助自己确定题目和确定应该写什么。当然，如果你说自己也不想读书，那说明你身体还不够好或者存在别的什么原因所以才不想读书，这是通常的情况，所以这时最恰当的办法就是锻炼好身体或者保养好身体。

确定写作的主题是重中之重，但这个过程又是非常困难的。有时甚至是百思不得其解，随时都在思考。"昨夜西风凋碧树，独上高楼，望尽天涯路。"作者需要具有丰富的知识积累。作为作者来说，平时就要学会做一个有心人。读万卷书，行万里路。平时读到好的句子、段落、故事、材料等，一定要注意积极收集起来，记录下来，注明出处，应该要养成善用

---

① 参见[加]莎伦·白琳、马克·巴特斯比：《权衡：批判性思维之探究途径》，仲海霞译，中国人民大学出版社2014年版，第5~6页。

网络收藏夹和线下笔记本随时记录信息的好习惯，这样在今后的生活中就可以随时地去查找资料和使用。"书到用时方恨少。"只有多积累，多学习，才能逐渐学会思考和写作。"衣带渐宽终不悔，为伊消得人憔悴"说的就是在有了一定知识和经验积累的基础上，对要写作的主题开展思考时所必须经历的过程。只有经历了艰苦的思考过程，才能够最终达到"蓦然回首，那人却在灯火阑珊处"这样的境界。经过长时间辛苦地思考，突然豁然开朗，终于明白了要写作的主题，知道了自己真正要写的东西大概是什么。

在初步明确了自己要写作的主题之后，接下来就是要搜寻和记录所有已知的信息，包括正、反两个方面的事实和观念。按照蒙托亚（Candace Glass Montoya）和罗克斯伯格（Joan Mariner Roxberg）的说法，论证性论文的写作的起草方法包括以下两个方面：一是自由记录。记录下自己随时想到的和主题相关的内容、立场和推论句子，包括正、反两个方面。不用考虑联系、结构和组织，只是记录下随时想到的东西，不需要加上很多的细节，不管是否有关，重要的是积累想法、观点和已知的经验。二是列举和连接。和自由记录类似，但需要更集中到主题上来考虑，用一到两个单词或词组来记录每一个自己能够想到的和这个主题相关的东西，特别是自己已有的个人经验和想法。在列举完成之后，再看看是否能把它们组合起来、联系起来，形成思路和它们的证据。①

在搜寻和记录差不多所有的正、反两个方面的事实和观念之后，接下来就是遵循批判性思维的原则和方法来确定自己的立场，构造具体的论证模式。这包括确定用来支持结论的理由或者前提，所可能使用到的推理和方法类型，考虑可能存在的反例和竞争理论，以使得论证更加合理，结论

① 参见[加]董毓：《批判性思维原理和方法——走向新的认知和实践》，高等教育出版社2010年版，第402页。

更为可靠。科学的探究包括对问题要作出细致的考察。当我们参与到一个探究中时，我们并不只是坚持我们既定的观点而不做任何的质疑，也不是简单地接受他人所说的或者我们读到的东西；相反，我们要进行深入细致的调查，从而为自己找到最好的立场或者行为方式，探究包含了对于知识和理解的主动的寻求。①

第三节　写作的开头、过渡和结尾

写作在基本完成了基本构思和构造之后，接下来就是考虑如何开头、过渡和结尾的问题。

首先是文章的开头，也就是引言。这个部分的目的就是要解释主题和立场，引导读者注意主要问题，吸引读者。通常的做法是开门见山，也就是直接清楚地陈述自己要讨论、论证或者回答的主要问题，说明其重要性，为什么要讨论这个问题，有些什么样的价值和意义等。引言要简明而具体，不要抽象和模糊。笔者刚刚开始写作的时候，也不知道该如何开头，就学着笔者老师的方法开头，顺着题目开始写，写着写着就会了。

威斯顿（Anthony Weston）在《论证守则》中说，有时你的结论只是关于某一立场或者某个提议的论证不明确，这很正常，你立刻把这个结论明确说出来，比如"在这篇文章里我将证明，关于X的论证是不明确

---

① 参见[加]莎伦·白琳、马克·巴特斯比：《权衡：批判性思维之探究途径》，仲海霞译，中国人民大学出版社2014年版，第6页。

的"，要不然就是你的文章不明确。[①]

引言篇幅的大小需要考虑读者的情况，如果读者是普通大众，则在引言部分简要说明以下所要写作的主题和问题的历史也是非常重要的。除此之外，为了引起读者的共鸣和注意，引言部分也应指出一些共同的观念、兴趣、价值、原则和理论等，以便于互相理解和交流。[②] 在以发表为目的的学术写作中，值得注意的是：编辑通常没有太多时间细看你的文章，但其会先看你的摘要和引言，觉得还行的稿件才会送去盲审。所以，文章的开头非常重要。

文章的中间部分是写作的核心，通常也称为正文部分。这个部分需要把论点、理由和推理一个一个地详细加以陈述，一个论点或者要点作为一个段落。通常来说，需要认真思考的是，自己的理由能不能支撑自己的论点。有的时候我们的文章自己看上去很满意，其实问题很严重，这往往就是因为论证不充分，可能还有真正的理由没有被揭示出来。所以，写作中需要一个论点一个论点地考虑，甚至有时候一个论点的论证就是一个段落。正文的写作也需要考虑篇幅，写什么和不写什么，都需要进行思考。通常最麻烦的文章就是面面俱到。写文章不像写书，是有字数要求的，要分清楚写什么不写什么，把最根本的、最重要的、最有创新的部分写出来。比如，有的博士论文把不相关的内容充实进去，可能就冲淡了文章的主要内容。所以，不要把想得到的理由和推论全部堆上去，堆砌肯定是不可取的。因此，一定要有所取舍，要写出文章最需要阐述的部分，否则就会显得啰嗦，就会适得其反。

---

① 参见[加]董毓：《批判性思维原理和方法——走向新的认知和实践》，高等教育出版社2010年版，第403页。

② 参见[加]董毓：《批判性思维原理和方法——走向新的认知和实践》，高等教育出版社2010年版，第404页。

文章写出来以后，还需要反复地修改。有时候文章给相关的人看，别人给你提出意见，也有助于你的修改。笔者发表在《中国人民大学学报》2018年第6期上的一篇文章，其实在2014年以前就写好了初稿，但是没有立即发表，而是在多个国内学术会议上发言并做讨论，让别人给笔者提出各种看法、意见，所以笔者就在不断地进行修改；有时候笔者还在给博士生讲逻辑前沿课的时候和他们讨论，他们又提出许多很好的修改意见，这样文章也不断变得越来越充实。所以，真正要做到良好的写作，就需要把自己写出来的东西经常给别人看，让别人给你提出意见才行。那么，为什么要参加学术讨论会、为什么要进行学术演讲呢？其实，就是要把自己的问题暴露出来，只有这样才能使自己所写的东西、自己的观点和论证打磨得更加合理。如果你自己关起门来不让别人看、怕别人提意见，怕露丑，其实最后的结果，就是越怕露丑就越丑。所以，要敢于把自己文章中丑陋、不足的方面尽可能摆出来，才能更好地促进自己的写作。所以，在写作中不要害怕批评和质疑，平时要敢于把自己的文字给大家看，充分吸取别人对于你的文章的意见和建议，最重要的是倾听他们的批评，这是我们实现提高自己写作能力和探究能力的一个根本性的方法，也是非常重要的方法。

　　这其实也就是说，在正文的阐述中，要注意贯彻批判性思维的基本原则和方法。不要忘记考虑反驳的、竞争的观点，要公正全面地陈述不同观点的内容和论证。如前所述，写作时应该尽可能考虑到各种可能的反例和批判，最好能作出部分的分析和回应，但不要做过头的结论。"我们必须考察一个问题的全部，至少是很多方面，并评价用来支持不同立场的理由和论证，掂量它们相对的强度。我们在探究过程中所形成的判断，就是基于这样的一种比较性的评价得出的。"[1]在做结论的时候，如果觉得自己的动议很好但缺乏条件来实现它时，这时必须承认这些困难，并限定自己的结论范围和强度。同时，需要考虑自己提议的现实性和未来影响，把自己动议的影响和后果，尤其是负面的情况都一一表达出来。自己的论证说明，综合考虑各种竞争方案的优缺点，自己的方案虽然不完美，但却是最好的方案。[2]

写作的最后部分是做结论。做结论也是说起来容易，但其实也不好做。在做结论的时候，如果觉得自己的动议很好但缺乏条件来实现它时，必须承认这些困难，并限定自己的结论范围和条件。一篇文章受字数的限制，不可能把任何问题都讨论清楚，所以往往只能讨论问题的某个方面、某个小问题，或把某个问题讨论到某种程度，这就需要在结论的时候作出交代。我们首先要认识到自己不会彻底解决一个问题，自己先把这一点写出来，表明自己有对写作的自觉认定，这是我们做结论时需要考虑的。

第四节　分析他人论证的写作

分析他人论证的写作，是指在批判性地阅读和理解他人的文章段落之后，来进行的评价性写作。

开展分析他人论证的写作，最为首要的目的就是清楚、直接和准确

---

① [加]莎伦·白琳、马克·巴特斯比：《权衡：批判性思维之探究途径》，仲海霞译，中国人民大学出版社2014年版，第17页。
② 参见[加]董毓：《批判性思维原理和方法——走向新的认知和实践》，高等教育出版社2010年版，第404页。

地评价别人论证的优缺点。在评价别人论证的优点的时候，要力求简洁明确，不要过分地阐述优点，如果优点讲得太多一般就是吹捧，那就是有问题的文章。例如，曾有论文《论导师的崇高感和师娘的优美感》发表在《冰川冻土》期刊上，受到了批评和处理。这个论文就属于过度吹捧，言之无物，必须杜绝。同时，对于对方优点的评价也要说到位，也就是说，要表达出自己真正读懂和理解了原来的论证。问题则需要列举出来，促使对方改进，同时也使自己的写作的创新和发展能够充分地得到体现：如果你总是一味地赞同对方的观点，你自己又如何创新呢？反之，不管对方优点再多，简单阐述对方的合理正确之处后，自然就要有大量的篇幅留待自我思想的发展和突破。

如果是在限制时间和篇幅的情况下，那么在阅读了他人论证的文章之后，应该尽可能地回忆已知的信息，并针对其前提和论证提出疑问后，直截了当地把自己的想法和证据按照最重要、最为相关的顺序写出来。同时，要尽力检查原来论证的前提，包含隐含前提和假设，思考有没有反例和竞争的论证，分析所包含的推理的相关性和逻辑力量，判断其结论的合适性。在这里，从根本上还是要沿着理解、思考和超越这三个核心步骤来进行写作。同时，围绕下面这几个问题来展开：

（1）前提都真吗？有没有前提虚假的可能？

（2）有隐含前提和背景（作者没有表达出来，但有这个意思）吗？（因为很多作者在写作的时候会有潜在的隐含前提和观点，需要进一步加以注意）

（3）前提和结论相关吗？是不是有材料堆砌的问题？前提真的支持结论吗？

（4）关键词意义清楚吗？

（5）有反例或反证吗？（当论文的观点和论证感觉很正确的时候，

也需要进一步考虑是否还有反证和反例）

（6）原因真的是这样吗？

（7）结论适当吗？

……

当然，这是在有时间限制的条件下，进行迅速、有效的写作的方法。如果在时间允许的情况下，则需要进一步加以展开，完成一个更饱满的论证。这包括在不违反直觉和清楚的原则下，加上更多的理由及其细节，展开自己的反证，更多地深入到隐含前提和假设上，甚至指出如何通过调整原有论证的结论从而使之更加合理，也就是要指出对方的论证不好，并自己给出一个更好的版本。

最后，需要说明的是，展开分析论文通常有两种形式，即"主题性的评价"和"全面性的评价"两种不同写作方式。第一种"主题性的评价"，是围绕分析和反驳的要点来组织顺序和反驳。通常在时间、篇幅上有限制的时候就采取这种方式，提炼要点进行梳理。第二种"全面性的评价"，是指如果有充分的时间展开，就可以按照所评价的文章或材料原来论证的叙述流程来组织分析和反驳。笔者在《江淮论坛》2018年第5期上发表了一篇评论公孙龙《白马论》的论文，这篇文章就是一篇关于评价他人的写作。现存《公孙龙子》有一篇《白马论》，其观点是很清楚的：白马非马。为此，公孙龙总共给出了五个论证，比如，他的第一个论证"马者，所以命形也。白者，所以命色也。命色者非命形也，故曰白马非马"。这里公孙龙有理由也有论证，笔者的写作要怎么来展开呢？首先，他的理由对吗？他把"白马"称作"白"，不管"马"了，"白"命色没问题，但"白马"既命色也命形，所以他的前提就虚假了，评价的时候就要指出来。因为文章篇幅要求比较长，笔者就可以长篇大论，把公孙龙的五个论证一一拿出来分析。如果是一篇短文就不一样，笔者就需要把公孙龙的五个论证组织一下，比如说组合成三类进行写作，按照"观点上有问题""论据有虚假""推理上有问题"等分别进行写作。所以，评价性写作要看篇幅的要求来展开。笔者通常要求学生进行一些贯彻思考——理解——超越的批判性阅读，并在此基础上进行评价性写作的训练，比如评价像"心态决定人生""人类的婚姻制度将走向消亡"等论证。一般看到这个观点就觉得有点问题，但问题是如何才能在真正理解对方后给对方提出反论。这些都是可以去亲自试验的。

问题与思考：

自己寻找一篇文章或者一部作品，对之进行批判性阅读，写作一篇5000字左右的评价性文章，注意贯彻理解——思考——超越的基本方法，并指出其中的论点、论据和论证思路。在论证思路上，请指出用了什么样的推理，是否正确，概念是否清晰，前提是否真实，有无隐含假设，是否提供了足够的例子、细节和证据，整个论证存在哪些严重的问题。

第五节　组织自己论证的写作

组织自己的论证，就是直接写论证自己观点的文章，属于正面论证。但正面论证并不等于是单面论证。一个好的论证必须考虑正、反两个不同的方面并给予回答，最后得到一个比较合理的结论。具体表现为"论证——反证——论证"这样一个正反合的模式。

一个好的论证必须是辩证性的、多面性的论证。根据米西姆（Missimer）的观点，当我们组织自己的论证时，一定要寻找到并列出所有支持和反对的理由和证据。然后根据这些理由的强弱、可信程度和相关性进行排列：支持这个结论的最强、最可信、最直接的理由是哪些？反对这个结论的最强、最可信、最直接的理由又是哪些？①我们将这些工作称作"处理材料"。

论证者需要根据自己的立场和结论，衡量这些支持和反对的理由的强度、可信性和相关性，来决定自己的立场和结论是否可以得到足够的支持，或者决定修改、修正自己的立场并作出相应的论证。如果自己最终觉得自己的立场和观点可以得到足够的支持，则通常需要采取如下的论证模式：（1）提出最强、最可信的和最直接的理由来支持某个立场和结论。（2）客观地表述反对这个立场的最强、最可信和最直接的理由。（3）论证，考虑反方的最强、最可信和最直接的理由，还是支持这个立场的理由为更好。"虽然考虑到你的观点，但是我的观点还是最好。"那完全站到对方的立场行不行？不行。因为这样相当于完全成为对方的俘虏，那自己的创新在什么地方呢？自己写的都是别人的东西。那么如果自己的观点坚持不住怎么办？那就需要考虑自己还要不要写这篇文章了。

科学探究的最终目的，是要达成或者力图达成一个判断。但是实际的探究并不总会达成一个所有人都一致同意的判断。人们可能最终会认可一个合理的、互相尊重的分歧，而这可能完全是适当的。比如，在中国逻辑史的研究领域，中国人民大学持有这样的学术观点，南开大学则坚持另外的一个观点。不过，相互之间虽然有分歧，但也有共同的地方，比如说都同意中国古代有逻辑，只不过在有何种逻辑、怎样理解这种逻辑上，双方的观点不一样。一般来说，学派之间的观点是会有这种分歧的，你不能要求所有人都认同你的写作，否则就没法写作了。实际上，对于某些领域，比如在哲学领域中的问题得到解决的可能性是很少的，相反，它的目标是

① 参见[加]董毓：《批判性思维原理和方法——走向新的认知和实践》，高等教育出版社2010年版，第409页。

形成一个有充分理由支持的立场而已。大量的哲学问题到现在也没有得到彻底解决，甚至永远都很难解决。所以，想要彻底解决一个问题，让大家都同意，简直就是天方夜谭。尽管如此，我们还是要注意，探究并不仅仅是一个搜集信息的练习，它还包括评价和力求达成判断，而这个判断就是一个要达成的有充足理由支持的判断：正、反达成合。虽然是一个组织自己论证的写作，但在写作过程中也需要大量地评述他人的写作，所以要把第一种写作方式大量纳入第二种写作方式之中，阅读、理解他人，提出疑问，并将之纳入自己的写作中。所以，不要认为这两种方式是分离的。

上面所阐述的正—反—正的论证模式是论证性写作的最基本的模式。

以下是威勒尔根据图尔明模式构造出来的一个组织自己论证的写作提纲：[①]

1. 对主题和问题的介绍

1.1　介绍引起读者注意的主要内容

1.2　表述主题和问题

1.3　表述基本立场或者结论，包括表明它所使用的范围

2. 提供证据来支持论证

2.1　证据一

2.2　证据二

2.3　等等

3. 提供保证表明证据何以支持结论

3.1　保证一

3.2　保证二

3.3　等等

---

① 参见[加]董毓：《批判性思维原理和方法——走向新的认知和实践》，高等教育出版社2010年版，第410页。

4. 提供支撑保证的事实理由——根据实践和理论说明保证的合理性

4.1 对保证一的支撑

4.2 对保证二的支撑

4.3 等等

5. 回答反驳和反例

5.1 反驳一

5.2 对反驳一的回答

5.3 反驳二

5.4 对反驳二的回答

5.5 等等

6. 结论

（概括论证和结论要点，指出论证的意义，使读者印象深刻。）

　　首先是文章的标题。标题之后的这一部分，也是我们所提到的文章的开头部分的要求。先是介绍文章的主题，因为标题不一定能够代表主题，所以需要进一步地阐述主题（一般就一两句话）。阐述主题之后是问题介绍，通过什么方法来探讨这个主题，这个主题或问题又有什么意义。从第二部分开始进入正文的写作。开头部分已经表达了总主题，现在要进一步说明这个主题有哪几个方面，即分主题。分主题要支持总主题，所以分主题就是支持总主题的各种证据或观点，要一一列举出来。第三部分就是对观点一一地加以论证。当主张一个观点的时候，这个观点是怎么得出来的呢？要给出保证。第四部分的关键是使用背景性的知识、材料和实践数据等，作为对于第三部分的支撑。这就是整个文章的中间部分。第五部分，写文章不能只是说自己，要讨论并回应别人对这一主题的看法，就像前面我们提到的墨子在论证兼爱时，对反对兼爱的观点所进行的反驳。对所支持的观点表示反对的观点，需要分别列出来。首先准确呈现反驳的内容，然后加以回应。比如，墨子分别回应了"兼爱不可行"和"兼爱实行起来很难"，呈现出两个具体的反驳。对文章观点的种种分歧或看法都要一一进行回应，但有的时候受篇幅所限，回应几个主要反驳也是可以的，对于某些莫须有的问题，不回应也是可以的。

下面是一篇按照正—反—正模式考虑的论文的纲要，这里的意图是展示这样的模式，并不表示我们支持其立场。[①]

应该支持行业办大学吗?

一、导言

问题和立场：最近出现了有行业或企业筹建的大学，比如中国能源大学和中国核工业大学。对此争论纷纷。自1998年以来，我国将行业院校办学与中央部委脱钩，转为地方办学，它代表了从学习苏联模式转为效仿美国大学的模式，走综合性大学路线。现在重新出现行业办学，反对者认为这是走回头路。本文认为，为了满足专业人才培养，应该支持行业办学，但需要慎重论证和实施。

概念澄清：行业院校指由中央部委和企业主办、以培养行业需要的人才为主的高等院校。

二、论证

（一）支持论证（正）

1. 目前综合性大学很多千校一面，大而全，落后、封闭，脱离实际、脱离发展的现象十分严重，不能满足行业所需人才。

2. 想做"万能大学"，最后其实是"不能大学"。行业办学能直接贴近专业的需求，集中兵力发展优势专业，有利于发展特色。

---

① 参见[加]董毓：《批判性思维十讲：从探究实证到开放创造》，上海教育出版社2019年版，第238~240页。

3. 由懂得专业需要的行业人士来办学，教育将更贴近实际，改变缺乏有特色的科研和行业人才的局面，能有力支持行业发展。

4. 行业的国际级资源配备有利于学校的发展，有利于打破地方观念、资源和利益的局限。

5. 历史证明，过去划转地方的院校，贪大求全，丧失强项，不能培养人才，学校质量下降。而少数被行业保留的院校不但都保持了特色，也都跻身国内高水平大学之列。

6. 已经认识到，高水平的学校不能保证有高水平的专业，而特色鲜明的优秀学科才是培养人才的着力点，这也符合"双一流"建设理念。

7. 对于目前基础薄弱、需要快速突破高新技术领域紧缺专业人才的困境，行业院校是有力措施，这将有助于创新驱动发展战略。

（二）反对论证（反）

1. 世界一流大学都是综合性大学，说明只有综合性大学才能提供高水平的教育。

2. 重新走行业主办的突出专业培养的大学是走回头路，违反历史潮流。

3. 综合性大学人文氛围好，有利于培养综合性人才，这才是未来的需要。未来需要跨学科的通才，而不是狭隘的只有某一专业知识的毕业生。

4. 综合性大学人文氛围好，对人的全面成长有利。专业性大学教育内容只关注科学技术的学科知识，不但专业分工狭隘、知识面窄，而且缺乏思考和创新的素质。

5. 行业的特殊要求可以通过在职教育、继续教育来满足。还可以进一步加强现有的众多职业专科院校，满足各专业需要。

6. 最理想的状态应是行业与高校合作，在现有的基础上打造适合本行业的发展道路，而不必另起炉灶。这也是国际上公认的校企合作途径。应创造更多条件，鼓励高校与行业加强联系，无论从效率，还是资金投入上来看，都比新办院校要划算得多。

7. 行业办大学或形成一定垄断，自己培养的人才自己用，这不是一个好的方向。

（三）对方对论证的回复（正的修正）

1. 行业办学并不否定综合性大学建设"双一流"的主力地位，但现状是它们许多专业重复设置而且平庸。每年毕业生数以百计，但高质量的专业人才寥寥，不利于科技发展。

2. 评估政策立足现实，不能根据书本或者前人是否做过为准。现在的行业办学不是单纯重复过去，是更高层次的发展。

3. 行业大学确实也应该配套相关学科，合理设置课程和选课制度，使学生多学科学习。

4. 能力培养和学科学习并不矛盾。行业办学也要有人文素质熏陶，将思维和创新能力的培育结合于知识教育之中。

5. 高新技术的人才培养需要尽早从大学新生选拔开始，不能完全由在职教育、继续教育或者高职院校的教育满足。

6. 多年来，校企合作受到各种价值对立因素制约而每况愈下，强迫联姻也是有名无实。行业办学使高校与行业成为利益共同体，这样，资金和资源利用的效率其实更高。

7. 行业办学不会垄断，它完全可以和教育部联合办学，纳入正规评估体系，为国家培养人才。

三、结论

为满足专业人才培养，特别是针对基础相对薄弱、需要快速突破的战略性领域，行业院校是需要的，它可以弥补目前大学不能满足实际和发展需要的缺陷。但行业院校建设要看具体要求，不能盲目发展，也要注意配套学科设置和人文素质教育。

如上所述模式，就是我们所要阐述的关于自己组织论证的批判性写作的基本架构，实际上我们大部分的学术论文写作，都是按照这样的模式来开展的。除了上述所举写作事例外，我们还可以根据下列题目来学习和训练自己组织论证的写作：

1. 文理分科好吗？

2. 物质待遇是否体现人才价值？

3. 风水课是传统文化还是迷信？

4. 个人利益和群体利益是否可以两全？

5. 学习环境和个人努力哪个更重要？

这些问题都是具有争议的问题，按照上述框架进行写作，你的论证思路就会比较清晰。怎样论证能使你的观点得到更充分的论证、推理更合乎逻辑？批判性思维给我们提供的就是这样的方法。但到底怎么做才能够做到成功，还需要我们自己去体会。在写作的过程中，多多考虑一下，我们如何尽量体现批判性思维的精神，笔者觉得这对我们的阅读与写作来说，肯定是会有一定好处的。

第七章

逻辑与批判性思维能力培养与测试

逻辑和批判性思维的能力是可以通过培养来达到的，而且可以通过开展合理的测评来进行衡量。本部分着重就如何培养和测评人的逻辑与批判性思维能力做一些探讨。

逻辑与批判性思维能力课程是中国人民大学目前所开设的一门重要的学科通识课程。该课程脱胎于过去的形式逻辑或者逻辑学课程。形式逻辑课程主要讲述概念、判断、推理、论证等问题，逻辑学课程则进一步拓展到现代命题逻辑、谓词逻辑、模态逻辑等方面，逻辑与批判性思维能力课程则强调对论证的结构和推理的有效性的分析，强调批判性阅读和批判性写作，重视挖掘论证的隐含前提和知识背景等问题，强调对学生的逻辑和批判性思维能力的培养和测评。

笔者本人从事逻辑教学工作到目前已有三十年，所教授的主要的本科课程最初就是形式逻辑，后来改为逻辑学，目前统一叫逻辑与批判性思维。笔者认为，过去课程的性质主要是着重于一种形式逻辑或者逻辑学的知识传授，当然也包括能力培养的方面，但目前课程则越来越强调对于学生能力的培养和能力的测评方面。从2017—2018学年的春季学期开始，笔者得到学校商学院的认可，被确定为该学院的特聘教授，每个学期都要给该学院的本科学生开设逻辑与批判性思维的课程，虽然教学中尚存在一些需要进一步完善的方面，但还是普遍得到了学生们的认可。从2018—2019学年的秋季学期开始，笔者为全校部分院系的博士生开设科学与逻辑方法论课程，该课程也主要是贯彻批判性阅读和批判性写作的精神，从目前的教学情况来看，学生还是普遍认可的。

第一节　逻辑与批判性思维能力测评的
内容和范围

关于逻辑与批判性思维能力测评的内容和范围，笔者认为与逻辑和批判性思维这门课程的教学目的或目标有关。在笔者看来，逻辑与批判性思维这门课程的教学目的或目标应该是让学生在把握一定的逻辑与批判性思维的相关知识的基础上，培养和增强学生具有更好的逻辑和批判性思维的能力和素养。

在笔者看来，逻辑思维能力是指人们在观察和实践的基础上，进行分析和综合、抽象与概括、判断和推理，从而进行有效的或者合理的思维活动的能力。换个角度说，它包括辨析概念、合理判断、有效推理、归纳类比、合理论证、合理思维等多方面的能力，即在观察、实践和认识的基础上明确概念、恰当判断，并进行各种有效推理和合理论证的思维能力。[①]

多年来，除了开展学校的逻辑和批判性思维课程的教学外，笔者专门为各种专业学位的考生进行逻辑与批判性思维的知识和能力的培训，包括MBA、MPA、MPAcc、MEM、GCT-ME，还有国家公务员考试等。就管理类专业学位（MBA、MPA、MPAcc、MEM）的逻辑与批判性思维的能力考试来说，"主要考查学生对各种信息的理解、分析、判断和综合，以及相应的判断、推理、论证等逻辑思维能力"[②]。根据国内专业学位考试以

---

① 参见杨武金主编：《逻辑思维能力训练》，中国人民大学出版社2020年版，第7页。
② 杨武金主编：《MBA、MPA、MPAcc、MEM管理类联考（199科目）综合能力逻辑高分突破》，中国人民大学出版社2020年版，第1页。

及国家公务员考试中关于逻辑思维能力的要求，结合国外GRE、GMAT、LSAT等入学考试中关于逻辑思维能力或者论证能力考核的要求，以及目前各种非形式逻辑或者批判性思维的著作的一些观点，笔者认为逻辑与批判性思维能力测评的范围主要包括推理能力、论证能力、分析能力、抽象概括能力、批判性思维和写作能力等。[①]

第二节　逻辑与批判性思维能力测评和培养的方式

逻辑与批判性思维能力测评和培养方式是一个复杂而需要长期研究的问题。

在笔者看来，逻辑和批判性思维能力的培养从根本上就是其教学或讲课的问题。传统的形式逻辑或者逻辑学教学，偏向于知识传授，逻辑与批判性思维课程的教学强调必须在传授相关知识的基础上，着重能力培养。而要这样做，笔者认为要加强案例教学和讨论式教学的力度。管理学家罗宾斯在年轻的时候，就已经成为一名大学老师，但由于他没有从事过实际的管理工作，所以，他在教学中发现，像他这样的情况，只是把自己学习到的理论直接再传授给学生罢了，这对于管理教育来说存在着许多潜在的问题，而且他觉得教科书都是从理论到理论，学生难以接受，尤其是对于有实践经验的学生来说更是如此。出于上述考虑，罗宾斯自己专门到基层管理单位进行了八年亲身体验，然后再回到大学课堂上。这使得他的教学

---

① 参见杨武金：《逻辑与批判性思维能力测评与培养》，载《河南社会科学》2019年第10期。

有了充分的实例，课堂也具有了充分的说服力。在此基础上，罗宾斯也写出了《管理学》这部具有重要影响的著作。这本书充分体现了案例教学的模式，即任何理论都需要通过实际的管理事例来体现，都是针对实际的管理过程中的问题的。这样的管理课程的教学也就做到了有的放矢。罗宾斯的教材影响很大，三十多年来一直是美国管理学的通用教材，而且其他学科的教材也都受到了它的影响。非形式逻辑与批判性思维应该说也反映了逻辑案例教学和实例化教学的需求和需要，有效的案例教学为逻辑教育大众化打开了方便之门。①

　　讨论式教学应该是逻辑与批判性思维课程教学的重要教学方式。很多逻辑规则、逻辑概念、逻辑问题都需要结合案例来进行讨论式教学。教学过程不能总是老师自己说，还需要多让学生来说，组织学生开展演讲和辩论。中国大学课堂中缺乏讨论和辩论，是一个非常严重的问题，是一个需要加以改变的状况。通常的讨论是，老师事先考虑好主题，然后学生针对这个主题进行思考和回答，但也可以让学生进行二人间讨论或者多人间讨论，然后将讨论的结果向全班同学分享等。

　　现在的本科生课程，越来越重视对学生平时成绩的测评。中国人民大学通常要求平时成绩要占到总成绩的50%~70%。因此，如何科学地来测评学生的平时成绩，是一个需要认真思考的问题。一方面，通过布置批改学生的课后作业来进行衡量；另一方面，则是要科学地测评学生的课堂表现，包括回答问题的情况、参与课堂讨论的情况，特别重要的是测评学生开展探究性研究并进行课堂展示的情况。中国人民大学从2020—2021学年的春季学期开始，要求学生课堂展示的成绩必须占课程总成绩的20%。

　　笔者在2018—2019学年春季学期，给商学院国际贸易专业开设的逻辑

---

① 杨武金：《论非形式逻辑及其基本特征》，载《贵州大学学报》2007年第4期。

与批判性思维课程，其成绩测评的基本情况如表9：

表9

学号	课堂表现 10%	课后作业 10%	研究报告 提交 5%	研究报告 展示 5%	期中成绩 20%	期末成绩 50%	总评成绩 （四舍五入）
1	70	100	60	100	70	80	79
2	90	100	90	90	80	95	92
3	100	80	80	100	70.	98	90
4	90	90	90	90	55	76	76
5	0	0	0	0	94	93	65
6	100	100	0	0	99	100	90

注：90分及以上为优秀。

从上表看，总评成绩较高的学生3，虽然期中成绩中等，但由于课堂表现突出，期末成绩优秀，又有研究报告展示，所以，总评成绩优秀。同学6虽然缺少研究报告提交和研究报告展示，但由于期中和期末的成绩不错，而且课堂表现和课后作业都不错，所以，总评成绩拿到了优秀。同学5虽然期中成绩和期末成绩都不错，但由于缺少研究报告提交和研究报告展示，也没有课堂表现和课后作业，所以，总评成绩拿不到优秀。同学1虽然有研究报告展示而且课后作业表现也不错，但由于课堂表现和期末成绩不突出，期中成绩又不理想，所以总评成绩拿不到优秀。同学2的总评成绩之所以最高，主要是由于其期末成绩不错，又有研究报告提交和研究报告展示，课后作业突出，课堂表现也较好。同学4虽然课堂表现、课后作业、研究报告提交和研究报告展示都不错，但由于期中测评和期末测评较差，所以总评成绩拿不到优秀。

第三节　逻辑与批判性思维能力测评的
具体办法

逻辑与批判性思维能力测评的具体内容，主要涉及逻辑思维能力与批判性思维能力的具体内容。如前所述，逻辑和批判性思维能力主要包括推理能力、论证能力、分析能力、抽象概括能力、批判性阅读和写作能力等。

十多年来，笔者无论是在学校给本科生开设逻辑与批判性思维这门课程的时候，还是在参加学校自主招生考试命题的过程中，主要都是通过检查学生在上述基本能力上的掌握和具体情况来确定是否达到教学目标或者考查学生的。从2017—2018学年的春季学期开始，商学院特别聘请笔者开设逻辑与批判性思维课程，并且特别强调要将这门课开设成能力培养和测评的试点课程，要求对学生在各种具体的逻辑和批判性思维能力上进行考查；特别强调分别考查学生的推理能力、论证能力、分析能力、抽象概括能力、批判性思维能力与写作能力，并将测评成绩直接记入学生档案，成为单位用人选人的基本依据。下面，笔者分四个方面对逻辑与批判性思维能力的测评方法进行阐述。

一、构造客观试题进行能力测试

充分利用市面上能够看到的逻辑和批判性思维能力的测试题目，比如MBA、MPA、MPAcc、MEM管理类联考与经济类联考的逻辑试题，再比如国外GRE、GMAT、LSAT等入学考试中关于逻辑与批判性思维能力测试的一些试题，通过一些修改或者改造后，将之作为逻辑与批判性思维能力测评的基本试题。这种修改或者改造，可以是将客观题修改为主观题，也可以是将客观题中的单选改为多选，还可以是将主观题加以修改或者改造成符合当下逻辑与批判性思维能力测评可用的试题等。

问题与思考：

某办公楼发生了一起盗窃案。公安机关经过侦查确定，这是一起典型的内盗案，可以断定该办公楼管理员张山、李思、王武、赵定至少有一人是作案者。办案人员对四人进行了询问，四人回答如下：

张山："如果李思不是窃贼，我也不是窃贼。"

李思："我不是窃贼，王武是窃贼。"

王武："张山或者是窃贼。"

赵定："李思或者王武是窃贼。"

后来事实证明：上述四人中只有一人说了真话。

根据以上陈述，以下哪项一定是假的？

A.王武说的是假话。 B.王武不是窃贼。 C.李思不是窃贼。 D.赵定说的是真话。

解析：这是一个客观性的能力测试题，主要测试学生的推理能力和分析能力。题干中王武说"张山或者是窃贼"。这句话最容易被理解错，许多人可能认为这句话是否打印错了，其实这句话本身是没有错的，因为"或者"在这里就是"可能"的意思，王武的话也就相当于说"张山可能是窃贼"。然后，张山的话"如果李思不是窃贼，我也不是窃贼"这是一个充分条件的假言判断，这种判断只有在前件为真并且后件为假时才会是假的，其他情况下都是真的。所以，如果王武的话为假，即张山不可能是窃贼，这时张山的话的后件必定为真，张山的话整个来说就是真的，即如果王武的话为假，则张山的话为真；反过来，如果张山的话为假，则王武的话就是真的，因为如果张山的话为假，则其后件必然是假的，即张山是窃贼，这时王武的话就是真的。因此，张山的话和王武的话之间必然有一个为真。所以，李思的话和赵定的话都必然是假的。所以，由赵定的话为假，可以推知李思是窃贼、王武是窃贼。再由李思是窃贼，可以推出张山说真话，因为充分条件的假言判断在前件为假的情况下必定是真的。所以，正确选项是D。

问题与思考：

某哲学爱好者欲基于无涵义语词、有涵义语词构造合法的语句。已知：

（1）无涵义语词有a、b、c、d、e、f，有涵义语词有W、Z、X；

（2）若两个无涵义语词通过一个有涵义语词连接，则它们构成一个有涵义语词；

（3）若两个有涵义语词直接连接，则它们构成一个有涵义语词；

（4）若两个有涵义语词通过一个无涵义语词连接，则它们构成一个合法的语句。

根据上述信息，可以得到以下哪项合法语句？

A. aWbcdXeZ　B. aZdacdfX　C. XWbaZdWc　D. aWbcdaZe

解析：这是一个客观性的能力测试题，主要测试学生的推理能力和分析能力。问题的设计比上一个试题更加抽象一些。题干中出现了无涵义语词、有涵义语词、合法的语句等几个核心语词，需要注意辨别。该题的正确选项是A，即根据题干的信息，可以得到符号串aWbcdXeZ是一个合法的语句。第一步，根据信息（2），可得：aWb和dXe都是有涵义语词。第二步，根据信息（3），可得：dXeZ是有涵义语词。第三步，根据信息（4），可得：aWbcdXeZ构成一个合法的语句。三步用了三个充分条件肯定前件到肯定后件的有效推理。测试了学生的推理能力和关于复合判断的知识。同时，也测试了学生关于符号串之间的组合和识别的分析能力。

问题与思考：

足球是一项集体运动，若想不断取得胜利，每个强队都必须有一位核心队员。他总能在关键场次带领全队赢得比赛。友南是某国甲级联赛强队西海队队员。据某记者统计，在上赛季参加的所有比赛中，有友南参加的场次，西海队胜率高达75.5%，有16.3%的平局比率，有8.2%的输球比率；而在友南缺阵的情况下，西海队胜率只有58.9%，输球的比率高达23.5%，该记者由此得出结论，友南是上赛季西海队的核心队员。

以下哪项如果为真，能质疑该记者的结论？

A. 上赛季友南上场且西海队输球的比赛，都是西海队与传统强队对阵的关键场次。

B. 西海队队长表示："没有友南我们将失去很多东西，但我们会找到解决办法。"

C. 本赛季开始以来，在友南上阵的情况下，西海队胜率暴跌20%。

D. 上赛季友南缺席且西海队输球的比赛，都是小组赛中西海队已经确定出线后的比赛。

解析：这是一个客观性的能力测试题，主要测试学生的因果分析能力和批判性思考的能力。题干中记者的结论是：友南是上赛季西海队的核心队员。题干整个论证关系是：通过友南上场和不上场的正反场合的对比分析，发现友南上场的情况下西海队的获胜率就比较高，而凡是友南缺阵的情况下西海队的获胜率就比较低，从而认为友南是西海队获胜率高的原因，因此，友南是西海队的核心队员。削弱一个因果关系论证的关键在于，指出即使题干的理由都是真实的，但是这些理由只是一个方面的原因，还存在别的更为根本的原因，题干在做结论的时候没有考虑到，指出这个原因也就从根本上反驳了题干中记者的结论。正确选项是A，因为该项指出了友南上场或不上场的场次是不是关键场次的问题，选项A如果为真，即如果友南上场后西海队的关键场次都输球的话，则说明友南不是上赛季西海队的核心球员。选项C不能削弱题干，因为该项说的是本赛季，而题干说的是上赛季，属于无关选项。选项D说的是小组赛中西海队已经确定出线后的比赛，不属于关键场次，不能否定友南是核心球员。选项B只是说真的有某某表示什么，但不等于他所表示什么就是真的，故不能质疑题干中记者的结论。

二、制作主观试题进行能力测试

结合现实社会生活中大众比较了解的新闻事件，或者古今中外思想文化中有普遍意义的论证或者推理案例，编造或制作成逻辑与批判性思维能力测评的试题的做法特别需要注意学生或者公众的参与性。同时，还需要通过深入研究逻辑与批判性思维的基本内容和要求，再通过一定时间的考虑才能够将测评试题比较完美地呈现出来。当然，如果要保证这类问题的严谨性，最好能够将所设计出来的试题给出答题要点，同时对试题不断进行批判性审查。

问题与思考：

试分析下列段落中袁涣说服吕布时所做的两个论证，指出其中所用到的两种推理类型，写出其推理过程并分析是否有效。请思考为何吕布被说服了。

三国时，有个人叫袁涣。有次，吕布让他写信骂刘备，袁涣不骂。吕布再三强迫他，他还是不骂。吕布急了，拿着兵器威胁袁涣说："你要是不骂，我就杀了你。"对此，袁涣是这么解释的："这个世界上，真正可以让人受辱的，只有德行。德行不足，才使人感到羞耻，我还没听说过骂人可以让人受辱的呢。更何况，如果刘备是个君子，他不会感到耻辱；如果刘备是个小人，他非但不感到耻辱，还会用同样的方法对付你。"当然了，真正把吕布说服的还是最后这句话："且涣他日之事刘将军，犹今日之事将军也，如一旦去此，复骂将军，可乎？"意思是，今天我伺候你的时候骂刘备，明天要是我去伺候刘备时回骂你，你觉得这样好吗？袁涣这招效果明显，以至"布渐而止"。

解析：该试题的要点是要求被测试者至少能够分析其中所运用到的二难推理、必要条件假言推理和充分条件假言推理，能够指出其中所运用到的归谬法论证。具体来说，其中所应用到的二难推理是：

如果刘备是个君子，则他不会感到受辱；

如果刘备是个小人，则他也不会感到受辱；

总之，无论刘备是君子还是小人，他都不会感到受辱。

这个二难推理的第一个前提，又可以从段落中另外一个判断或命题推出，所以有下面的推理：

只有德行不足的人，他才会受辱；

刘备是个君子（德行足够）；

所以，他不会受辱。

下面是其中所运用到的归谬论证，这个归谬论证中使用到了充分条件的假言推理，如下：

如果今天我伺候你的时候骂刘备，那么明天要是我去伺候刘备时就要回骂你；

既然明天要是我去伺候刘备时就要回骂你，这并不好；

所以，今天我伺候你的时候骂刘备，这就不好。

整个试题对学生能力的测试，是全方位的，其中测试了学生的推理能力、论证能力、分析能力和批判性思考能力。

三、开展探究性的课堂展示能力测评

入学考试中，通过学生或者考生进行探究性研究或者思考展示来开展对逻辑与批判性思维能力的测评的这个环节通常称为面试或者口试。而在逻辑与批判性思维课程测试中，这个环节更像是属于全方位逻辑与批判性思维能力测试或测评。这种测评可以分为两种情况。

一是让学生自主设计课题，学生通过一定时间的探究性研究，将探究性的成果进行课堂展示。二是由老师给出某一个主题，让学生围绕该主题进行一定时间的思考，然后学生分别围绕该主题开展论证、论辩或者辩论。不管是哪一种情况，对学生所进行的展示，给出比较科学合理的评分细则或者评分标准都是非常重要的。笔者认为，这种办法对学生所进行的逻辑与批判性思维能力测评是非常全面而深入的。

关于学生进行自由探究性成果展示的逻辑思维能力测评情况，笔者在几年前就已经引入教学中了。笔者开设的某个学期的一个逻辑与批判性思维课堂中，参与学生的探究主题及成绩测评情况如表10：

表10

学生	主题	分析能力	综合能力	推理能力	论证能力	批判性写作能力	总评（四舍五入）
甲	人们常犯的逻辑错误	95	96	90	93	93	93
乙	论杠精背后的逻辑	98	95	95	97	99	97
丙	对辛普森悖论的思考	98	89	92	92	93	93
丁	律师和法官的逻辑差异	93	93	96	94	94	94

学生	主题	分析能力	综合能力	推理能力	论证能力	批判性写作能力	总评（四舍五入）
戊	二难推理探析	98	85	97	95	99	95
己	大学生增负的逻辑问题	97	98	95	96	94	96
庚	红眼睛蓝眼睛逻辑问题	90	97	85	93	90	91

为了保证逻辑与批判性思维能力测评尽可能科学合理，测评主体一般只能由教师或者助教来担任，当然也可以让学生参与其中，只是老师和学生打分其各自的权重不同罢了。但即使是测评对象本身也可以参加测评工作，不过要特别注意测评结果的权重问题。关于逻辑与批判性思维能力探究性成果展示的测评，还有许多问题需要探索和思考。

强化学生进行自由式探究并做成果展示，这对于培养学生主动学习、自主思考和独立开展科学研究的能力来说是十分重要的，这甚至对于很多的本科课程来说都是需要给予重视的。这种做法，虽然学生和老师可能都会花费一些时间，也多辛苦一点，但是对学生能力的培养无疑是巨大的。事实上，学生们也非常积极地投入其中。在笔者2019—2020年春季学期的逻辑与批判性思维课堂的学期末学生自由式探究成果展示环节，当时虽然是线上教学，但同学们的参与度和热情还是非常高的。以下是当时报名参与展示的情况：

逻辑与批判性思维能力测评，也可以由老师设计出讨论主题，由学生围绕该主题进行思考、准备，然后进行讨论、论证或论辩。2008—2009学年的春季学期，笔者在逻辑与批判性思维的一节课上，就是围绕中国人民大学时任副校长吴晓求于2009年3月26日在博鳌论坛上关于房地产税的发言这个主题来开展的。

问题与思考：

请思考下列段落中吴晓求副校长要表达的结论或主题是什么？他作出这个结论的前提或理由有哪些？背后存在哪些隐含前提或假设？他的前提足以得出其结论吗？整个论证中所使用到的核心概念是否有效？等等。

我作为一个经济的研究者，始终在思考中国这个房产税，它的理论基础究竟是什么？我真的还找不到。因为这个土地是国家的，现在土地上面的那个东西值钱，并不是因为那个东西本身，而是地值钱了，但地又不是我的，怎么要对我征税呢？所以怎么把逻辑理清楚很重要。从理论上、从逻辑上，我真的没有找到开征这个税种的理由，我也问了很多我的同事，都是著名的法律、税务方面的专家，我说能不能给我解释一下，这个税种的理论基础是什么？法律基础是什么？如果仅仅是出于调节房价的角度来看，大可不必通过这种方式来调节。我想明确地表达，无论从经济理论还是从法律的层面，都找不到开征这个税种的理由。

解析：参加讨论的学生总共有18人。关于吴晓求副校长谈话的结论或主题，16人都认为是不要征收房产税，2人认为应该是开征房产税缺乏经济的和法律的基础。对于吴晓求副校长的结论或观点的态度，16人持否定态度，2人持肯定态度。同学们普遍认为，吴晓求副校长谈话的前提包括：土地是国家的，值钱；房子是我的，但不值钱；房子值钱是因为土地值钱；调房价可以通过征收交易税等来实施。隐含前提包括：只有对一件东西拥有所有权才有征税的理由。针对这个隐含前提，同学们进行了有力的反驳。主要有这样一些：（1）这是一个虚假的命题，英国等一些西方国家也对公权土地上的建筑征收房产税，各国通行，这是国家"劫富济贫"的重要方式；（2）如果必须对土地拥有所有权才征税的话，那么国有企业就不用交税了，事实上国有企业必须交税；（3）既然房子是自己的，但土地是国家的，那么房子增值只要是因为土地增值，国家就正好可以对房子因为土地而增值的部分征收增值税；（4）国家可以对所有商品征税，既然房子是商品，因此国家就有权对之进行征税；等等。许多同学因此认为，国家征收房产税是完全有经济的和法律的基础的。国家在什么时候征收房产税、以什么方式征收房产税，关键是要看群众的理解和配合，所以房产税的征收关键是要看其在社会中的作用是利大于弊，还是弊大于利。肯定吴晓求副校长谈话的学生，则认为不应该征收房产税，否则就会导致房子价格增高，老百姓买不起房子；百姓买房是刚性需求，征税破坏公民拥有房产的权利；虽然房子价格增加了，但对于普通购房者来说，房子的使用价值并没有变；等等。

在学生发言的过程中并且在发言结束后，要给出恰当的能力测评。可以根据上述给出的集中能力来确定分值，同时，要注意到学生各自在发言中的深入部分和精彩部分，包括不恰当部分。最后，还要对测评的情况和结果进行讨论，作出最终成绩评定。

四、开展批判性阅读和写作的能力测评

逻辑与批判性思维能力测评，如果从笔试的角度来看，除了可以制作标准化的客观型试题，还可以通过制作主观型试题来进行考查。这种主观型试题的测评，在某种程度上能够更全面地反映被测试者的逻辑与批判性思维能力。比如，下列测评试题能够至少在某种程度上反映被考查者的分析能力、推理能力和论证能力。

问题与思考：

请批判性阅读下列段落，注意贯彻理解——思考——超越的批判阅读

方法。指出论点、论据和论证思路。在论证思路上，请指出：用了什么样的推理？是否正确？概念是否清晰？前提是否真实？是否提供了足够的例子、细节和证据？整个论证存在哪些严重的问题？

前不久，日本厚生劳动省公布了一个霾耗！日本今年新生人口数创历史新低：94万！这创下了日本1899年有统计数据以来的最低值！而今年日本死亡人数估算值为134.4万人。这意味着日本今年人口将自然减少40.3万人。这也是该指标首次超过40万！同时，日本每34秒有一人出生，但每23秒有一人死亡。而且，今年新婚情侣为60.7万对，比上一年减少了1.4万对。按照这个速度，2053年日本人口将跌破1亿。到2065年，日本人口将降至8808万。而且届时超过40%的人口都是老年人！不过更让人惊讶的是下面这组数据（日本国立社会保障与人口问题研究所的调查报告）：日本18至34岁的女性中，有39%还是处女；日本18至34岁的男性中，有36%是"童子身"。调查报告还显示，18至34岁的女性中，有一半没有男朋友；在35至39岁的年龄段中，有26%的女性和28%的男性从未有过性经验。这足够说明：日本的男男女女并不是那样激情奔放，恰恰相反，这说明日本社会确实已经进入了"无欲望社会"。

解析：段落中作者试图通过本段落引起社会各界对于日本老龄化程度上升、结婚率和生育率下降的关注。但由于作者最终提出的结论和数据相关性不大，导致其论点无法获得充分支持。本文的结论是：日本社会进入了"无欲望社会"。论据是：（1）日本新生儿人口数创新低。（2）死亡人口数量创新高。（3）日本新婚情侣数量下降。（4）日本人口数将于2065年降至8808万。因此，日本社会将走向老龄化社会。（5）日本处男率及处女率居高不下。（6）男女交往比率低。本文的推理结构：[（5）+（6）]+[（3）+（1）+（2）+（4）→日本社会将走向老龄化社会]→日本进入"无欲望社会"（"→"表示推出关系）。

本段落中的论证存在的问题包括：第一，作者对于"无欲望社会"的概念定义模糊，在文中所指的"欲望"究竟是作为包含在欲望集合中的"性欲"，还是指作为大的"欲望"集合本身的"欲望"，概念定义模糊。第二，论证前提难以支持结论。从推理结构中我们可以看出，本轮的推理结构是通过两条线路支持结论的。其中一条是由（5）和（6）两个论据为基础的，称为L1，另一条则是以（1）+（2）+（3）+（4）得出日本将走向老龄化社会得出的，称为L2，最终两条线路共同得出结论：日本将进入"无欲望社会"。这显然是存在问题的。例如：由L1显然不足以得出日本将进入一个"无欲望社会"，因为从L1中我们只能看出日本社会的"性欲"或许存在一定程度的下降，但并不能从单一的"性欲"下降就推出"欲望"下降，这扩大了概念，乃至认为所有的"欲望"都下降了。并且，作者在写作中并未给出在诸如购物欲、饮食欲等其他涉及欲望方面的论证。L1的论证显然是不足以支持结论的。L2试图通过老龄化社会来旁证日本进入了"无欲望社会"，这里就隐含了一个前提"老年人缺少欲望"。但反观现实，并非老年人都没有欲望，在超市或者在很多购物场所，都能够发现很多老年人购买商品的情况，所以L2的论证也是不足以支持其结论的。第三，作者的结论过于绝对。即使作者的"欲望"单指"性欲"，所有的论据也不足以支持日本进入了"无性欲社会"这一结论。最多也就只能说，日本进入了一个"低性欲社会"，因为虽然处男、处女率高，但是大部分人都并不是处男和处女。第四，段落中的论据和结论的相关性不足。综上所述，段落中的论证难以支持其结论。

这是关于批判性阅读和写作的能力测试问题。该测评试题由于需要阅读的文本较长，初看，要找出整个段落的结论就已经很不容易，但如果稍微认真读完整个段落，前提和结论还是能看出来的。该测评试题更主要的是考查被测试者的理解能力、概括能力、分析能力、概念辨析能力、归纳论证能力、批判性分析和写作能力等。只要把握好其中的几个基本得分点，就能比较好地对被测试者的逻辑与批判性思维能力进行衡量。

参考文献

[1] [加]董毓.批判性思维原理和方法：走向新的认知和实践[M].北京：高等教育出版社，2010.

[2] [加]董毓.批判性思维十讲：从探究实证到开放创造[M].上海：上海教育出版社，2019.

[3] [加]莎伦·白琳，马克·巴特斯比.权衡：批判性思维之探究途径[M].仲海霞，译.北京：中国人民大学出版社，2014.

[4] [美]加里·R.卡比，杰弗里·R.古德帕斯特.思维：批判性思维和创造性思维的跨学科研究[M].韩广忠，译.北京：中国人民大学出版社，2010.

[5] [美]斯蒂芬·雷曼.逻辑的力量[M].杨武金，译.北京：中国人民大学出版社，2010.

[6] [美]斯蒂芬·D.布鲁克菲尔德.批判性思维教与学[M].钮跃增，译.北京：中国人民大学出版社，2017.

[7] [美]Ronald Munson, Andrew Black.推理的要素[M].孔红，译.北京：中国轻工业出版社，2018.

[8] [美]威廉姆·沃克·阿特金森.逻辑十九讲[M].李奇，译.南京：江苏人民出版社，2018.

[9] [美]欧文·M.柯匹，卡尔·科恩.逻辑学导论[M].张建军，潘天群，等，译.北京：中国人民大学出版社，2007.

[10] [英]格雷厄姆·普里斯特.简明逻辑学[M].史正永，韩守利，译.南京：译林出版社，2013.

[11] 中国人民大学逻辑学教研室.逻辑学[M].北京：中国人民大学出版社，
　　　1996，2002，2008，2014.

[12] 陈伟.非形式逻辑思想渊源[M].上海：复旦大学出版社，2017.

[13] 冯契、徐孝通.外国哲学大辞典[Z].上海：上海辞书出版社，2000.

[14] 杨武金.逻辑思维能力与素养[M].北京：中国人民大学出版社，2013.

[15] 杨武金.逻辑思维能力训练[M].北京：中国人民大学出版社，2020.

[16] 杨武金.逻辑与批判性思维[M].北京：中国人民大学出版社，2020.

[17] 杨武金.批判性思维刍议[J].河南社会科学，2016（12）.

[18] 杨武金.逻辑与批判性思维能力测评与培养[J].河南社会科学，2019
　　　（10）.

[19] 杨武金.论非形式逻辑及其基本特征[J].贵州大学学报，2007（4）.

[20] Stephon Toulmin. *The Uses of Argument*[M]. Cambridge: Cambridge
　　　University Press. 1958.

[21] Russell. "On denoting"[J]. *Mind, New Series.* Vol. 14, No. 56. 12, 1905.